ZEITSCHRIFT FÜR ANGEWANDTE GEOLOGIE

HERAUSGEGEBEN VON
DER STAATLICHEN GEOLOGISCHEN KOMMISSION
UND DER ZENTRALEN VORRATSKOMMISSION
DER DEUTSCHEN DEMOKRATISCHEN REPUBLIK

AUS DEM INHALT

AKADEMIE-VERLAG · BERLIN

BAND 5 / HEFT 11
NOVEMBER 1959
SEITE 517—564

INHALT

Die ZEITSCHRIFT FÜR ANGEWANDTE GEOLOGIE berichtet ständig ausführlich über folgende Arbeitsgebiete: Geologische Grundlagenforschung und Lagerstättenforschung / Methodik der geologischen Erkundung / Ökonomie und Planung der geologischen Erkundung / Technik der geologischen Erkundung / Geologie und Lagerstättenkunde im Ausland / Bibliographie, Verordnungen, Richtlinien, Konferenzen, Personalnachrichten

Die ZEITSCHRIFT FÜR ANGEWANDTE GEOLOGIE ist kein Organ einer engen Fachgruppe. Auf ihren Seiten können alle strittigen Fragen der praktischen Geologie behandelt werden. Die Autoren übernehmen für ihre Aufsätze die übliche Verantwortung.

Herausgeber: Staatliche Geologische Kommission und Zentrale Vorratskommission für mineralische Rohstoffe der Deutschen Demokratischen Republik. Chefredakteur: Prof. Dr. Erich Lange, Berlin. Redaktion: Berlin N. 4, Invalidenstraße 44. Verlag: Akademie-Verlag GmbH, Berlin W 1, Leipziger Straße 3–4 (Fernsprecher 220441, Postscheckkonto: Berlin 35021). Bestellnummer des Heftes: 1047/5/11. Die „Zeitschrift für angewandte Geologie" erscheint monatlich. Bezugspreis 2,– DM je Heft. – Satz und Druck: Druckhaus „Maxim Gorki", Altenburg. Veröffentlicht unter der Lizenznummer ZLN 5008 des Ministeriums für Kultur, Hauptverwaltung Verlagswesen. Karten: MdI der DDR Nr. 5138/K 11. Printed in Germany

ZEITSCHRIFT FÜR ANGEWANDTE GEOLOGIE

CHEFREDAKTEUR: PROF. DR. E. LANGE

BAND 5 · NOVEMBER 1959 · HEFT 11

Die Aufgaben der Geologen im Siebenjahrplan

FRIEDRICH STAMMBERGER, Berlin

Nachfolgend veröffentlichen wir den Schlußteil des Referates von F. STAMMBERGER, Direktor des Zentralen Geologischen Dienstes, „Die Aufgaben der Staatlichen Geologischen Kommission im Siebenjahrplan" auf der Industriezweigkonferenz der StGK am 10. Juli 1959 in Halle. Die Redaktion

Werte Kollegen und Genossen!

Die Rekonstruktionspläne werden zusammen mit den Volkswirtschaftsplänen in den Arbeitsgruppen eingehend erörtert werden. Zweifellos ist dort der bessere Platz, um alle Positionen allseitig zu prüfen. Die Zusammensetzung unserer Industriezweigkonferenz, die Tatsache, daß neben vielen Kollegen aus der unmittelbaren Produktion auch zahlreiche qualifizierte und fachkundige Gäste teilnehmen, ist sichere Gewähr für eine gründliche Behandlung der vorliegenden Materialien.

Gestatten Sie mir daher, auf einige Fragen einzugehen, die gewöhnlich bei solchen umfassenden Konferenzen wie diese etwas zu kurz geraten, ich meine einige geologische Grundfragen und einige kurze Hinweise auf gewisse Arbeitsgebiete, über die nur selten gesprochen wird, obwohl sie äußerst wichtig sind. Ich möchte mit letzteren beginnen.

In unseren Rekonstruktionsplänen der Geologischen Dienste und des Zentralen Geologischen Dienstes (ZGD) nehmen die Ausgaben für die Erweiterung unserer Labors einen beachtlichen Platz ein. Es wird kaum einen unter den Anwesenden geben, der die Notwendigkeit der Durchführung von Analysen bestreitet. Und es gibt wohl kaum einen unter uns, der sich Rechenschaft über den tatsächlichen Umfang dieser Arbeiten ablegt. Nehmen wir nur die chemischen Analysen. 1958 wurden rund 40000 Einzelbestimmungen im Zentral- und in den Außenlabors durchgeführt, fast 33000 spektrochemische Analysen und rund 12000 physiko-technische Bestimmungen. Wenn wir einen solchen Arbeitsumfang bereits 1958 zu bewältigen hatten, dürfte klar sein, daß wir ohne bedeutende Kapazitätserweiterung unserer Labors bei der Durchführung unserer kommenden Arbeiten an diesem Engpaß scheitern könnten.

Nehmen wir einen anderen wenig beachteten Abschnitt unserer Arbeit: die Gutachtertätigkeit im ZGD und in den Diensten. Wir fertigen jährlich insgesamt bis zu 4500 ingenieurgeologische und hydrogeologische Gutachten an, für die wir Gebühren in Höhe von rund 500000—600000 DM vereinnahmen. Gemessen am Gesamtvolumen unseres Budgets ist das nicht imponierend. Wenn wir jedoch den volkswirtschaftlichen Nutzen dieser Gutachten betrachten, wenn wir uns erinnern, daß in der DDR kein irgendwie beachtlicher Bau, keine Wasserversorgungsfrage ohne unsere Mitarbeit entschieden wird, dann ist leicht zu ermessen, daß sich der Wert dieser Dienstleistungen nicht in der genannten Ziffer ausdrückt. Das ist lediglich eine bescheidene Gebühr, die nebenbei bemerkt in gar keinen Verhältnissen zu den Beträgen steht, die von staatlichen Stellen und VE-Betrieben für Privatgutachten, zuweilen äußerst fraglicher Qualität, gezahlt werden. Wir sind, wie sich Kollege Dr. HOHL einmal ausdrückte, in dieser Beziehung die billigste HO der DDR.

Gestatten Sie mir, daß ich all den Kollegen, die in der Stille und meist unbemerkt diese Aufgaben erfüllen, von hier aus den Dank der StGK ausspreche und mit ihm den Wunsch verbinde, daß sie in Zukunft noch engere Verbindungen zu den örtlichen staatlichen Organen herstellen, sie in allen Fragen der Geologie und Hydrogeologie beraten, selbstlos, kameradschaftlich und mit noch größerer Sachkenntnis als bisher.

Kollegen, diese scheinbare Abschweifung schien mir notwendig, weil wir meist bei den Diskussionen über die Fragen der Erkundung von Lagerstätten diesen nicht unwichtigen Teil unserer Arbeit zu erwähnen vergessen.

Gestatten Sie mir, auf eine Grundfrage der geologischen Erkundung einzugehen und dabei eine Behauptung an den Anfang zu stellen: In der DDR ist heute nicht mehr die geologische Erkundung einer entdeckten Lagerstätte, ihre industrielle Erkundung, die schwierigste Etappe unserer Tätigkeit. Bei uns — wie in allen geologisch gut erforschten Ländern — ist das Schwierigste und Komplizierteste das Auffinden und Entdecken neuer Lagerstätten selbst.

Für die industrielle Erkundung bereits entdeckter Lagerstätten, für ihre sachgemäße Untersuchung und Umgrenzung gibt es recht brauchbare Methoden, die ein durchschnittlich begabter Geologe bei einiger Erfahrung mit bestem Erfolg der Individualität jeder Lagerstätte anpassen kann. Neben diesen methodischen Hinweisen gibt es Instruktionen der ZVK und Arbeitsrichtlinien für die Dokumentation und Probenahme. Die industrielle Erkundung einer Lagerstätte ist heute nicht so sehr ein wissenschaftliches Problem als ein organisatorisches. Das geologisch-technische Projekt formuliert daher die Art und Weise, wie eine Aufgabe in kürzesten Fristen bei geringstem Aufwand am besten und ausreichend für die Bestätigung durch die ZVK zu lösen ist.

Ganz anders steht es mit der Entdeckung neuer Lagerstätten, vor allem bei uns in der DDR. Neue Lagerstätten in der DDR gehören — darüber sind sich die Geologen einig — fast ausschließlich zum Typ der verdeckten, nicht zutage ausgehenden Lagerstätten.

Das Auffinden solcher Lagerstätten ist ein echtes wissenschaftliches Problem, eine Aufgabe, die mit den üblichen handwerklichen Mitteln und Methoden nicht zu lösen ist oder nur bei einem Aufwand und bei soviel Mißerfolgen, daß eine solche Arbeit volkswirtschaftlich nicht zu vertreten ist.

Mit diesem Problem haben heute nicht nur die Geologen des ZGD und der Dienste zu ringen, es ist das zentrale Problem im VEB Erdöl und Erdgas. Die Gas-Öl-Erkundung hat ihre Besonderheiten, so daß ich mich auf jene Fragen beschränken möchte, die für die Geologen des ZGD akut sind.

Wie können verdeckte Lagerstätten gefunden werden? Antwort: durch systematische Sucharbeiten. Doch diese Antwort ist keine Antwort, weil sie nicht das Wie, das Besondere, die Methodik dieser Sucharbeiten erläutert.

Im Wissenschaftlichen Rat der StGK und in Dienstbesprechungen des ZGD waren in letzter Zeit Erkundungsprojekte zurückgewiesen worden, weil sie — wie dort gesagt wurde — die geologische Konzeption der Geometrie opferten. Worum ging es?

Ein Gebiet war als lagerstättenhöffig erkannt worden. Die Existenz der Lagerstätten, ihre Lage, Größe und Umgrenzung waren jedoch unbekannt. Von einigen Kollegen wurde deshalb vorgeschlagen, das gesamte höffige Gebiet in einem weitmaschigen Netz abzubohren.

Es ist klar, daß wir einen solchen Weg nicht beschreiten können, weil er nicht nur unwissenschaftlich und sehr teuer ist, sondern auch gegenwärtig Material, Menschen und Geräte an eine Aufgabe bindet, deren volkswirtschaftlicher Nutzeffekt äußerst gering ist.

Wir vermuten im norddeutschen Raum in einer Teufe von 800—900 Meter Eisenerzlager. Wäre es richtig, auf diese Erze ein weit- oder engmaschiges Netz von Bohrungen anzusetzen, um die Existenz oder Nichtexistenz von Eisenerzlagern nachzuweisen? Offensichtlich nicht. Das wäre teure und kostspielige Handwerkelei, deren Erfolg zudem äußerst fraglich wäre.

Auch geologische Sucharbeiten setzen bereits wissenschaftliche Unterlagen voraus. Vordringliche Aufgabe unserer Mitarbeiter, aller Wissenschaftler auf dem Gebiete der Lagerstättenkunde ist es, diese Unterlagen zu schaffen. Worum handelt es sich?

1. Wir denken vor allem an Karten der geologischen Prognose. Derartige Karten können nicht entstehen, wenn wir nicht das gesamte vorliegende, in einem Jahrzehnt emsiger Feldarbeit gesammelte Material theoretisch verarbeiten, gründlich analysieren und zu neuen, dem neuesten Stand der Erkenntnisse entsprechenden Synthesen kommen. Wir dürfen uns nicht so sicher auf die Voraussagen und Verallgemeinerungen unserer Vorgänger verlassen, ohne deren Schlußfolgerungen gründlich überprüft zu haben. Wir vergessen zu oft, daß diese Wissenschaftler, sie mögen noch so berühmt und noch so talentiert gewesen sein, sich notgedrungen bei ihren Konstruktionen und Voraussagen auf in der Regel recht dürftige Tatsachen, vereinzelte Aufschlüsse usw., stützen konnten und stützen mußten. Nur wenn wir die vorliegenden Tatsachen über die geologische Geschichte, die Tektonik und die Struktur der einzelnen geologischen Einheiten sorgfältig und allseitig untersuchen, alle zu beobachtenden Besonderheiten gebührend berücksichtigen, schaffen wir für unsere zukünftigen geologischen Sucharbeiten die notwendige wissenschaftliche Ausgangsposition.

Wir brauchen für diese Arbeiten solche wissenschaftlich fundierten Unterlagen, wenn die Effektivität unserer Arbeiten nicht steil absinken soll. Nur gestützt auf derartige wissenschaftliche Analysen und Zusammenfassungen, auf ein gründliches Studium aller bekannten Tatsachen und Auffinden von Gesetzmäßigkeiten über die Erzbildung und Erzverteilung — ich wiederhole, bei Berücksichtigung und dem Aufspüren jener die Vererzung kontrollierenden Faktoren —, können wirkungsvolle Suchmethoden — und nur dann — für unsere Verhältnisse entwickelt werden.

Diese Aufgabe ist vom wissenschaftlichen Standpunkt sehr reizvoll. Es ist eine Aufgabe, an der z. Z. die besten Köpfe in allen Ländern arbeiten, in der Sowjetunion genauso wie in den USA! Wenn es uns gelingt, hier tatsächlich mit den vor uns stehenden Aufgaben fertig zu werden, werden wir uns in die vorderste Phalanx der Geologen — im Weltmaßstab gesehen — einordnen.

Das ist gleichzeitig auch die allgemein von Partei und Regierung gestellte Aufgabe des Erreichens des Weltniveaus, seiner Mitbestimmung durch die DDR, formuliert für die geologischen Wissenschaftler, angewandt auf uns.

2. Bei der Bedeutung, die Sucharbeiten in der DDR haben und auch in Zukunft besitzen werden, gewinnt die Verbesserung ihrer technischen Durchführung besonderes Gewicht. Insbesondere ist die Überprüfung der verschiedenen international angewandten Suchmethoden auf ihre Eignung bei unseren geologischen Verhältnissen notwendig. Es ist wenig sinnvoll, eine Methode, die sich unter tropischen Bedingungen bewährt hat, oder eine Methode, die für die Verwitterungsverhältnisse der Arktis gedacht ist, unbesehen bei uns zu übernehmen.

Es ist notwendig, daß sich unsere wissenschaftlichen Mitarbeiter über die Möglichkeiten und auch die Grenzen bestimmter Verfahren und Methoden völlige Klarheit verschaffen. Wir müssen so schnell wie möglich den Zustand überwinden, daß z. B. von unseren Geologen an die Geophysiker Forderungen gestellt werden, die sie mit den heute vorhandenen Methoden einfach nicht erfüllen können.

Wir müssen nicht nur wissenschaftlicher, sondern auch ökonomischer denken. Das aber heißt, daß vor dem Einsatz von Bohrgeräten oder bergmännischen Arbeiten erst alle Möglichkeiten der Geophysik und Geochemie voll ausgeschöpft werden müssen.

Diese Forderung gleicht dem trojanischen Pferd, weil sie zugleich die Forderung in sich birgt, daß unsere auf diesen Gebieten arbeitenden Wissenschaftler die vorhandenen und bekannten Methoden verfeinern und spezialisieren und vor allem ihre Forschungsergebnisse schneller für den Feldeinsatz zur Verfügung stellen. Unsere Rekonstruktionspläne und auch das Aktionsprogramm berücksichtigen diese Forderung. Es gilt jetzt, sie zu erfüllen.

Gestatten Sie, daß ich auf ein zweites Problem zu sprechen komme, das nicht minder große Bedeutung besitzt, auf die Grundlagenforschung. Selbstverständlich ist es in diesem Kreise nicht notwendig, für die Durchführung der Grundlagenforschung eine Lanze zu brechen. In diesem Punkt sind wir alle einer Meinung. Es geht um das Wie, um das Wo und um die organisatorischen Formen ihrer Durchführung.

Zunächst ist völlig klar, daß sich mit Grundlagenforschung alle hierfür geeigneten und ausgerüsteten Institutionen und Dienststellen im Maße der vorhandenen Möglichkeiten, der Kader, der Ausrüstung usw. beschäftigen sollen. Notwendig ist jedoch ihre Ausrichtung auf vordringliche Aufgaben und Bedürfnisse. Wir können z. B. beobachten, daß gewisse Aufgabenstellungen oder Themenkreise bei uns den Charakter von Moderichtungen annehmen. Heute sind es die Conodonten, morgen die Schwerminerale, und jedes Institut setzt seine Ehre darein, unbedingt auch eine Arbeit über diese modischen Themen anzufertigen. Dann geschieht es plötzlich, daß ganz ohne Gebühr überall die Sedimentpetrographen wie die Pilze aus dem Boden wachsen. Oder es wird der Buntsandstein nach Schwermineralen untersucht, und in der Begründung für die Finanzierung heißt es: zum Nachweis von Lagerstätten seltener Metalle oder Elemente. Dabei ist jedem klar, daß niemand weder heute noch in Zukunft daran denkt, in ein paar hundert Meter Teufe eine Grube zu errichten, um akzessorische Minerale abzubauen, daß es sich vielmehr um einen durchaus interessanten Versuch handelt, mit Hilfe dieser Methode eine Feinstratigraphie des Buntsandsteins durchzuführen. Die StGK ist der Meinung, daß sie vom Forschungsrat der DDR gehört werden muß, wenn geologische Forschungsthemen beurteilt werden. Dabei haben wir weder etwas gegen Feinstratigraphie noch gegen Conodonten. Wir vertreten lediglich den Standpunkt, daß erforderliche Proportionen gewahrt werden müssen, daß auch Grundlagenforschung keine von der Praxis unserer Aufgaben losgelöste Provinz in unserer Wissenschaft sein kann. Wir vertreten den Standpunkt, daß die Grundlagenforschung nicht aus persönlichen Ambitionen eines Doktoranden oder Dozenten wachsen kann, sondern Schritt halten muß mit den Erfordernissen der Praxis.

Wie ist es zu erklären, daß wir jährlich eine große Zahl von Forschungsthemen in der DDR bearbeiten, unsere Erkundung, vor allem jedoch unsere Sucharbeiten nach neuen Lagerstätten auf die unabdingbar notwendigen wissenschaftlichen Voraussetzungen warten müssen.

Wie kommt es, daß die größten Lagerstätten unserer Republik geologisch noch immer nicht erforscht sind, ihre Genesis, die Metallverteilung und deren Gesetzmäßigkeit noch immer nicht so geklärt sind, daß eindeutige Erkundungskriterien vorliegen. Wie kommt es, daß trotz des V. Parteitages und der Tatsache, daß wir beträchtliche Kupfermengen importieren müssen, ohne die vorhandene Kupferlücke ganz schließen zu können, wie kommt es, daß trotzdem kein Institut, keine Hochschule, kein Mitglied der Akademie sich das gründliche Studium des Kupferschiefers als Aufgabe gestellt hat?

Die StGK und die VVB NE-Metalle geben alljährlich bedeutende Mittel zur Erkundung neuer Lagerstätten und Felder aus. Ist nicht die Erarbeitung einer wissenschaftlich fundierten, über den Charakter einer Hypothese hinausgehenden Konzeption, auf der die Erkunder aufbauen können, eine vordringliche Aufgabe?

Die StGK zieht aus der vorhandenen Situation und den vorhandenen Diskrepanzen die Schlußfolgerung, daß es ihre Aufgabe werden muß

a) die geologische Grundlagenforschung in der DDR zu koordinieren und maßgebend zu beeinflussen und

b) im ZGD in den kommenden Jahren in größerem Umfange Grundlagenforschung zu treiben. Die Abteilungen des ZGD müssen bis zum Jahre 1965 zu bedeutenden Zentren der geologischen Forschung werden.

Diese Aufgaben sind von uns nur zu meistern, wenn wir von der Einmannarbeit zur Gemeinschaftsarbeit übergehen. Gestatten Sie mir daher, einige Bemerkungen zu dieser Frage unter Berücksichtigung unserer Arbeitsbedingungen zu machen.

Die sozialistische Gemeinschaftsarbeit entwickelt sich in allen Industriezweigen in den vielfältigsten Formen. Nichts wäre verkehrter, als sie in ein bestimmtes Schema pressen zu wollen.

In unseren Betrieben treffen wir vor allem zwei Formen: die Brigaden der sozialistischen Arbeit und die sozialistischen Forschungsgemeinschaften.

Wenn bisher über 4000 Kollegen im Wettbewerb um die Wanderfahne der StGK standen und um die 80%ige Erfüllung des Planes bis zum Jahrestag der Republik kämpfen, wenn z. Z. 120 Kollektiv- und 17 Einzelverpflichtungen mit dem gleichen Ziel vorliegen, so haben sich jetzt außerdem 8 Bohrbrigaden und zwei Werkstattbrigaden zum Wettbewerb um den Ehrentitel „Brigade der sozialistischen Arbeit" zusammengeschlossen. Eine „Gemeinschaft der sozialistischen Arbeit" ist in Brieselang beim Geophys. Gerätebau entstanden. In den letzten Tagen vor unserer Konferenz sind weitere Mitteilungen über diese Bewegung eingetroffen. Auch innerhalb des ZGD und der GD ist bei den Geologen die Diskussion in vollem Gange.

Die Brigaden der sozialistischen Arbeit kämpfen in der Regel über einen längeren Zeitraum um konkrete Produktionsziele. Dabei wollen sie auf sozialistische Art arbeiten, fachlich und politisch lernen und ihr Leben nach sozialistischen Grundsätzen gestalten. In diesen Brigaden haben sich Arbeiter, Meister und Ingenieure zusammengefunden, sie haben sich festumrissene Produktionsaufgaben gestellt, für die sie sich gemeinschaftlich verantwortlich fühlen. Das ist ein Ausdruck des gewachsenen sozialistischen Bewußtseins unserer Arbeiter, die klar den Zusammenhang zwischen ihren persönlichen Interessen und den gesellschaftlichen erkannt haben und bewußt an der Erfüllung der gesellschaftlichen Aufgaben arbeiten.

Die sozialistischen Arbeitsgemeinschaften — die zweite wichtige neue Form — treffen wir bei uns in zwei Varianten an. Die eine — mit sozusagen horizontaler Richtung — vereinigt verschiedene Wissenschaftler zur gemeinsamen gleichzeitigen Arbeit an einem Problem. In der Regel streben sie die termingemäße, kurzfristige Lösung eines Problems dadurch an, daß jeder Forscher eine Teilfrage löst. Auf diese Weise ist eine schnellere, umfassendere, meist auch bessere Lösung des Gesamtproblems möglich.

Die zweite — mit sozusagen vertikaler Richtung — deren erste Ansätze in den Objekten und Geologischen Diensten zu beobachten sind, vereinigt unterschiedliche Qualifikationen — Bohrmannschaften, Ingenieure und Geologen — mit dem Ziel der besseren und schnelleren Lösung einer bestimmten Aufgabe, z. B. der fachgerechten und ökonomischen Niederbringung einer oder einer Gruppe von Bohrungen.

Damit erschöpfen sich die bei uns möglichen Formen der Kollektivarbeit nicht. Wir haben bereits festgestellt, daß sich die Arbeitsgruppen im ZGD und den GD zu echten sozialistischen Gemeinschaften entwickeln können, daß bei den Kollektiven, die geologisch-technische Projekte ausarbeiten, Ansätze dieser Gemeinschaften vorhanden sind. In den Diskussionen wurde festgehalten, daß es in Einzelfällen sinnvoll ist, aus den verschiedenen Wissenschaftlern eines Objektes eine sozialistische Arbeitsgemeinschaft zu bilden, die für eine exakte Dokumentation und Bearbeitung unabhängig von der Fachrichtung des einzelnen die gemeinsame Verantwortung übernimmt.

Wir konnten in den bisherigen Aussprachen mit unseren Wissenschaftlern feststellen, daß sie mit diesen Formen der Gemeinschaftsarbeit durchaus einverstanden sind. Sie stellten jedoch mit Recht die Frage, worin denn der sozialistische Charakter dieser Gemeinschaften liegen müsse, der diese Kollektive von den bisher bei uns schon üblichen Arbeitskreisen und Arbeitsgemeinschaften unterscheide.

Mir scheint, daß dieser Unterschied in folgendem besteht: Bei unseren bisherigen Arbeitskreisen und -gruppen war das charakteristische Merkmal, daß ihre Mitglieder administrativ berufen und im Arbeitskreis zu einer bestimmten Arbeit verpflichtet wurden. Wobei der „Federführende" meist ein für die Durchführung der Aufgabe verantwortlich gemachter Kollege war. Es war somit in der Regel meist kaum oder doch nicht unmittelbar von Freiwilligkeit die Rede, ebenso wie sich diese Tatsache auch in der Arbeitsweise ausdrückte. Der Arbeitskreis tagte in der Regel nur, wenn er vom Federführenden oder Leiter einberufen wurde. Das führte dann in der Praxis auch dazu, daß die meisten der in der Vergangenheit gebildeten Kollektive sanft aber sicher eingeschlafen, abgestorben sind, sich ins Nichts aufgelöst haben.

Eines der wesentlichsten Merkmale einer sozialistischen Gemeinschaft ist die Freiwilligkeit, ist nicht der äußere, sondern der innere Zwang, der innere, aus der sozialistischen Überzeugung, aus der inneren Verpflichtung unserem Staate und der Arbeit gegenüber geborene Drang zur Lösung einer Aufgabe. Diesem ersten folgt ein weiteres, nicht minder wichtiges Merkmal: Die Freiwilligkeit des Zusammenschlusses mehrerer Wissenschaftler führt zwangsläufig auch im Denken vom Ich zum Wir, von der Einmann-Arbeit zum Kollektiv.

Die Freiwilligkeit der Entscheidung, der aus der Überzeugung geborene Entschluß, ein als dringend erkanntes Problem zu lösen, wird in ihrer Transformierung durch das Kollektiv zu einer zwingenden moralischen Verpflichtung. Der einzelne empfindet es als unmoralisch, die einmal fest umrissene Aufgabe nicht zu erfüllen.

Aber heißt das nicht, in der Praxis — ohne jede Talmudisterei und Dogmatisierung — nach den zehn Geboten der sozialistischen Moral und Ethik arbeiten? Und ist das nicht der sicherste Weg, um vom Individualismus zum sozialistischen Kollektiv mit seinem Gedankengut und seinen hohen Idealen ganz und ohne Rückhalte zu finden? Ist das nicht auch ein Weg zum Sozialismus, der Weg des einzelnen? Wenn wir diese Frage so sehen, dann folgt eine zweite Schlußfolgerung: Bei uns werden sich die meisten sozialistischen Arbeitsgemeinschaften wahrscheinlich zunächst in ein sehr bescheidenes Gewand kleiden. In ihnen wird der sozialistische Charakter zunächst nur als Möglichkeit, sozusagen in embryonaler Form vorhanden sein. So wie unsere Bohrbrigaden um den Titel „Brigade der sozialistischen Arbeit" kämpfen und ihn erst durch ihre Arbeit erringen können, so werden auch die einen oder anderen Arbeits- und Forschungsgemeinschaften erst im Laufe ihrer Arbeit immer mehr durchdrungen von sozialistischem Geist und sozialistischem Denken. Auch bei diesen Gemeinschaften wird es sinnvoll sein, ihnen den verpflichtenden Titel „sozialistische Arbeitsgemeinschaft" erst dann zu geben, wenn sie ihn durch ihre Tätigkeit wirklich erworben haben.

Eines dürfte uns allen klar sein. Es ist die Aufgabe der Partei und der Gewerkschaften, alle Erscheinungsformen der Gemeinschaftsarbeit zu fördern und zu hüten, ihre Entwicklung zu sozialistischen Arbeitsformen zu unterstützen. Denn mit Hilfe dieser neuen Formen werden wir nicht nur das hohe Tempo erreichen, das zur Erfüllung unserer Pläne notwendig ist, wir werden auch reifer und fähiger dazu, das Neue in der Gesellschaft aufzunehmen und unseren jüngeren Kollegen zu vermitteln.

Rekonstruktion in der UdSSR

ERICH LANGE, Berlin

Im Juni 1959 tagte das Plenum des ZK der KPdSU; im Mittelpunkt seiner Beratungen standen die Fragen der Rekonstruktion. Das hierüber veröffentlichte Material[1]) gab auch wertvolle Hinweise über den Stand der Mechanisierung und Automatisierung im Bergbau und bei der Erkundung von Lagerstätten.

Erdöl/Erdgas

Der Vorsitzende des Tatarischen Volkswirtschaftsrates führte aus, daß in der Erdölindustrie 30% der Investitionsmittel für Bohrarbeiten verausgabt werden. Es komme daher darauf an, nach Möglichkeit die Zahl der Bohrungen zu verringern, und zwar bei gleichzeitiger maximaler Senkung der Bohrkosten bei gleichem wissenschaftlichem Effekt. Die neue Technologie der Erdölgewinnung und die teilweise Automatisierung haben bereits die Produktivität je Arbeiter in der Tatarischen Volksrepublik auf das Doppelte der Leistung der Bohrarbeiter in den USA erhöht. Die Erdölarbeiter Tatariens verpflichteten sich weiter, in den nächsten 7 Jahren ihre Arbeitsproduktivität erneut zu verdoppeln. 1959 wurde mit der Erschließung der Erdöllagerstätten von Saikarateisk begonnen. Sie werden die ersten vollautomatischen Erdölfelder des Landes sein. Statt wie sonst 6—7000 Arbeiter werden im Saikarateisker Erdölfeld nur wenig über 100 Menschen beschäftigt sein, wobei ihre Arbeitsproduktivität gegenüber der jetzigen auf das 4- bis 5fache anwachsen wird.

1958 wurden nach Einführung der Hochleistungsturbinenbohrungen und der mechanisierten Bohrturmmontagen je Bohrbrigade 14800 Bohrmeter im Jahresdurchschnitt erreicht. Gegen Ende des 7-Jahr-Planes wird die Bohrleistung 20000 bis 22000 m pro Brigade betragen.

[1]) „Die Presse der Sowjetunion", 1959, Nr. 77—79, S. 1765—1841.

Der Sekretär des ZK der KP Aserbaidshans führte u. a. aus:

„Die bei uns durchgeführten geophysikalischen und geologischen Schürfarbeiten haben gezeigt, daß sowohl auf dem Meeresgrund als auch auf dem Festland gewaltige Vorräte hochwertigen Erdöls vorhanden sind. Vor kurzem ist im Meer ein ausgedehnter erdölführender Horizont festgestellt worden, für dessen Ausbeutung neue technische Hilfsmittel benötigt werden, die es ermöglichen, in Meerestiefen von 40—60 m zu arbeiten.

Die erhöhte Erdgasgewinnung hat die Struktur der Brennstoffbilanz Aserbaidshans erheblich verändert. Während im Jahre 1955 der Anteil des flüssigen Brennstoffes in der Republik 80% ausmachte, entfallen jetzt 80% auf das Erdgas. Die Gasgewinnung soll im laufenden Jahr auf 5,2 Mrd. m³ und bis Ende des 7-Jahr-Planes auf 11,6 Mrd. m³ gesteigert werden. In den alten Erdölgebieten wie auch in den neuen beruht die weitere Steigerung der Erdöl- und Gasgewinnung auf dem Bohren tieferer Bohrlöcher."

Auf die geologischen Erkundungsarbeiten seiner Republik ging der Sekretär des ZK der KP Turkmeniens näher ein:

„Die kommunistische Partei und die Sowjetregierung schenken der Erdöl- und Gasindustrie Turkmeniens große Beachtung. Es ist vorgesehen, in den kommenden 7 Jahren 8382 Mio Rubel für die Entwicklung dieser Industriezweige in unserer Republik auszugeben. Der größte Teil dieser Mittel soll dazu dienen, neue Vorkommen von Erdöl und Erdgas zu entdecken und die bereits erkundeten Vorräte zu vergrößern. In Zusammenhang damit werden auf dem ganzen Gebiet der Republik in großem Maßstabe geologische Schürfarbeiten und Bohrungen in Angriff genommen, die in der Regel in abgelegenen Gegenden, wie in der Wüste Karakum, vorgenommen werden. Es ist unbedingt erforderlich, die geologischen Schürfexpeditionen und die Bohrmannschaften mit technischen Spezialmitteln auszurüsten, die für Arbeiten in der Wüste geeignet sind."

In Usbekistan wurde mit dem Aufbau großer Chemiewerke und mit der Rekonstruktion der bestehenden Werke „auf der Grundlage der allseitigen Ausnutzung des Erdgases und anderer Rohstoffarten" begonnen.

M. T. JEFREMOW, Sekretär des Gebietskomitees Kuibyschew der KPdSU, erklärte,

„daß das Gebietskomitee der Partei und der Volkswirtschaftsrat vorgeschlagen haben, in der Erdölindustrie leistungsstarke Gasturbinenmotoren einzusetzen. Die Berechnungen zeigen, daß es dadurch möglich ist, das Gewicht der Bohranlagen von 250 t auf 70 t zu reduzieren, ihre Leistung auf das 3fache und die Bohrgeschwindigkeit auf etwa das Doppelte zu steigern. Ein großer Nutzeffekt kann durch die Einführung der Gasturbinenmotoren in der Erdgasindustrie erzielt werden. Die Investitionen und Baufristen für Kompressorstationen unter Verwendung von Gasturbinenmotoren verringern sich auf etwa ein Drittel. Die bisherigen Versuchsarbeiten zur Herstellung und Erprobung von Bohrrohren aus Aluminiumlegierungen brachten sehr gute Ergebnisse."

Eine verstärkte Gewinnung von Flüssiggasen forderte der Sekretär des Gebietskomitees Baschkiriens:

„Die rasche Entwicklung der erdölfördernden und der erdölverarbeitenden Industrie in unserem Wirtschaftsgebiet garantiert nicht nur die Rohstoffbasis für die Petrochemie, sondern schafft dazu einen beträchtlichen Überschuß an Flüssiggasen. Wir bitten darum, daß die Staatliche Plankommission und das Komitee für Chemie die Frage prüft, ob die petrochemischen Produktionen in unseren Flüssiggase und Pentan verarbeitenden Betrieben erweitert werden können, um viele Dutzende Tonnen Polyäthylen, Polypropylen, Äthylalkohol, synthetischen Kautschuk, Plaste und synthetische Fasern zusätzlich zu erzeugen."

Chemieforschung

Dem Diskussionsbeitrag von W. S. FJODOROW, Vorsitzender des Staatlichen Komitees für Chemie des Ministerrats der UdSSR, entnehmen wir folgende Auszüge, die auch für unsere geologischen Forschungsarbeiten in der DDR volle Geltung haben:

„Das Komitee für Chemie und die Akademie der Wissenschaften der UdSSR müssen unter weitgehender Beteiligung wissenschaftlicher Kreise die Themenpläne konsequent überprüfen und allen Ballast aussondern, ohne sich vor dem Widerstand einzelner Mitarbeiter zu scheuen, die das Gefühl für das Neue verloren haben und nur rein persönlich an der Bearbeitung veralteter Themen interessiert sind . . . Sie müssen die Anleitung der wissenschaftlichen Forschung grundlegend verbessern, die organisatorische Struktur des Netzes der wissenschaftlichen Forschungsinstitute sowie der Projektierungs- und Konstruktionsbüros der chemischen Industrie überprüfen und die Kräfte und Mittel in den großen Instituten und Laboratorien konzentrieren, die komplizierte wissenschaftliche und technische Probleme rasch und qualifiziert lösen können. Es ist notwendig, zu neuen Organisationsformen der wissenschaftlichen Forschung und der Versuchsarbeit überzugehen, die eine gemeinsame schöpferische Beteiligung der Wissenschaftler, Ingenieure, Technologen, Projektanten, Konstrukteure und Betriebsleiter bei der Entwicklung neuer technologischer Verfahren in sämtlichen Stadien ihrer Ausarbeitung, angefangen von den Laboruntersuchungen bis zur Einführung in die Produktion, gewährleisten. Von besonderer Bedeutung ist es, die immer noch vorhandene schädliche Parallelarbeit der wissenschaftlichen Institute zu beseitigen, die Koordinierung der Forschungen zu gewährleisten, und zwar insbesondere bei der Entwicklung neuer synthetischer Stoffe, die Bedeutung der Leitinstitute und der leitenden Chemiker bei der Lenkung der Forschung und ihre Ausrichtung auf wichtige Probleme zu verstärken."

Steinkohle

Der Vorsitzende des Volkswirtschaftsrates von Stalino betonte, daß für 20 Steinkohlenschächte die Entwürfe zur Vollmechanisierung und Automatisierung ausgearbeitet seien. Für diese Rekonstruktion werden Investitionen von 300—400 Mill. Rubel benötigt. Andererseits hätten zur Erlangung der gleichen Förderleistung 5 große Schächte mit einem Investitionsaufwand von 2 Mrd. Rubel abgeteuft werden müssen. Die Grube „Proletarskaja Glubokoja" könne infolge bereits in Angriff genommener Vollautomatisierung die Kohlenförderung 1960 auf täglich 3200 t statt der im Plan vorgesehenen 2500 t erhöhen. Die Rekonstruktion nach dem Vorbild dieser Grube solle von 1959 bis 1965 in den 103 wichtigsten Gruben des Wirtschaftsgebietes durchgeführt werden.

In letzter Zeit wurde im Donezbecken mit Arbeiten zur Entwicklung des Hydroabbaus und des Hydrotransports der Kohle und der Berge begonnen. In den nächsten 7 Jahren müssen im Donezbecken 28 neue Kohlengruben in Betrieb genommen werden. Besondere Aufmerksamkeit wird dabei dem Schnellabteufen von Seigerschächten und dem Schnellstreckenvortrieb gewidmet werden.

NE-Metalle

Besonders große Hoffnungen werden auf die Kupferlagerstätte Gai im Gebiet Orenburg gesetzt. Die dortige (im Bau befindliche) Erzgrube ist zu einem der wichtigsten Bauvorhaben erklärt worden. In einzelnen Blöcken der Lagerstätte erreicht der Cu-Gehalt 10 bis 12%, vereinzelt sogar bis zu 30%. Der Vorsitzende des Volkswirtschaftsrates Swerdlowsk hält es im Zusammenhang mit der Aufschließung dieser neuen Kupferlagerstätte für zweckmäßig, die Produktion von Rohkupfer bis zum Jahre 1965 um 50% „gegenüber der im 7-Jahr-Plan vorgesehenen Menge durch Rekonstruktion der im Betrieb befindlichen Werke" des Swerdlowsker Gebietes zu erhöhen.

Durch eine verbesserte Aufbereitungstechnologie wurden 1958 Kupfererzkonzentrate mit bedeutend höherem Cu-Gehalt gewonnen als zuvor. In der Aufbereitung von Turjinsk betrug die Cu-Ausbeute aus dem Roherz 94,6%.

Zur Aufbereitungsmethode führte der Vorsitzende des Ostkasachischen Volkswirtschaftsrates aus:

„In den Aufbereitungsbetrieben für NE-Erze ist der Mechanisierungsgrad dem äußeren Anschein nach hoch. Aber die Aufgabe der Mechanisierung ist nicht komplex gelöst. Es ist erforderlich, alle Prozesse in der Aufbereitungsfabrik in Abhängigkeit von der vorgesehenen Betriebsart und von der Erzsorte voll zu mechanisieren und zu automatisieren. In diesem Fall würde es uns gelingen, alle unsere Aufbereitungsfabriken auf das Verfahren der kollektiven selektiven Flotation umzustellen, die erstmalig in der internationalen Praxis in einer unserer Fabriken in Leninogorsk eingeführt wurde. Dieses Verfahren erhöht die Arbeitsproduktivität um das 3fache und ermöglicht es, arme, sehr komplizierte Mischerze zu verarbeiten und die Ausbeute an Metall erheblich zu erhöhen. Die Bedeutung dieses Flotationsverfahrens ist derart groß, daß der vor kurzem in Schweden stattgefundene Kongreß zu Fragen der Aufbereitung den besonderen Dank an die Sowjetregierung für den Vortrag über dieses Verfahren ausgesprochen hat."

In Kasachstan werden Bleierze mit einem Pb-Gehalt bis 0,6% gewonnen und im Konzentrat auf 50—60% angereichert. Hinsichtlich des elektrolytischen Verfahrens zur Gewinnung von Zink übertrifft die Sowjetunion alle kapitalistischen Länder. Die Akademie der Wissenschaften Kasachstans hat einen Zyklonofen entwickelt und erprobt, der zu einer Umwälzung in der Metallurgie führen wird. Der Zyklonofen übertrifft in seiner Leistung die veralteten Öfen um das 80fache, er schmilzt jeden beliebigen Rohstoff, alle seine Prozesse sind mechanisiert und automatisiert.

Eisen

Vom Volkswirtschaftsrat Dnejepropetrowsk wurde festgestellt, daß die Bergarbeiter von Kriwoi Rog bei den Abbauarbeiten unter Tage eine hohe Intensität erreicht haben, die annähernd doppelt so hoch liegt wie die entsprechenden Kennziffern in ähnlichen Gruben der USA. Im 7-Jahr-Plan wird die Tagebauförderung in Kriwoi Rog und in den Manganerzgebieten stark zunehmen. Im Becken von Kriwoi Rog sollen 5 Aufbereitungskombinate mit einer Gesamtkapazität von mehr als 500 Mio t Roherz in Betrieb genommen werden. Im laufenden Jahr wird die Eisenerzförderung von Kriwoi Rog 45 Mio t erreichen; die Manganerzförderung ist gegenüber 1955 um 40% gestiegen.

Beim Stahlschmelzen wird weitgehend Erdgas angewendet; dadurch konnten die Produktivität der SM-Öfen gesteigert, die Metallqualität verbessert und die Selbstkosten gesenkt werden.

Aus dem Beschluß des Plenums

Hiernach müssen u. a. in besonders großem Umfang die folgenden technologischen Prozesse und Verbesserungen angewandt werden:

„In der Eisenhüttenindustrie — qualitative Vorbereitung des Roherzes und der Charge zum Schmelzen; kontinuierliches Verkoken schwachbackender Kohle, aus der Hüttenkoks gewonnen wird; Erhöhung der Gebläsetemperatur und des Druckes des Gichtgases in den Hochöfen; Ausnutzung von Erdgas und Sauerstoff in der Hochofenproduktion und beim Stahlschmelzen; konverter- und elektrometallurgische Verfahren der Stahlproduktion. . . .

In der chemischen Industrie — Gewinnung von chemischen Produkten durch Ausnutzung von Erdgas sowie der bei der Erdölgewinnung und Verarbeitung anfallenden Gase; wirtschaftlichere Methoden zur Produktion von synthetischen Stoffen und Kunstdünger, besonders von komplexen und hochkonzentrierten Düngemitteln; wirksamste Verfahren zur Trennung von Gasgemischen und zur Nachreinigung der Grundrohstoffe; neue Methoden zur Verarbeitung von Plasten und Kunstharzen.

In der Erdöl- und Erdgasindustrie — Niederbringen von Bohrlöchern mit vermindertem und kleinem Durchmesser durch vereinfachte Bohranlagen; Einsatz von Elektrobohrgeräten und von Turbinenbohrern kleiner Abmessungen; intensivere Ausbeutung der Erdöllagerstätten durch verbesserte Methoden zur Aufrechterhaltung des Drucks der erdölführenden Horizonte und zur hydraulischen Aufbrechung der Schichten; Einsatz elektrischer Kreisel- und Wasserkolbenpumpen; Entwässerung, Entsalzung und Stabilisierung des Erdöls und Verwertung des Begleitgases auf den Erdölfeldern, Entfernung des Wassers und des Paraffins aus den Brennstoffen; selektive Methoden zur Gewinnung von Schmierölen; Synthese hocheffektiver Zusätze und Rohstoffe für die Petrochemie.

In der Kohlenindustrie — Untertagebau unter Verwendung von Kombines und anderen Ausrüstungen in den Abbaustößen; Kohlegewinnung im Tagebau — vornehmlich ohne Einsatz von Transportmitteln und unter Verwendung neuer, hochproduktiver Ausrüstungen; hydraulischer Abbau und Transport der Kohle; wirksame Methoden zum Aufbereiten und Brikettieren der Kohle.

Im Erzbergbau — Erzgewinnung im Tagebau und wirksame Methoden für den Untertagebau, Etagen- und Unteretagenbruchbau; Unteretagenstrecken-Erzabbau mit Hilfe tiefer Bohrlöcher und unter Verwendung hochleistungsfähiger Maschinen und mechanischer Vorrichtungen; progressive Schemata zur Erzaufbereitung in schweren Medien und durch stufenweise Flotation; starke Anreicherung der geringhaltigen oxydischen Eisenerze unter Verwendung von Grob- und Feinzerkleinerungsmaschinen, von hochleistungsfähigen Aufbereitungsausrüstungen und von wirksameren Reagenzien."

Die Rolle der Wissenschaft beim technischen Fortschritt

„Um die Rolle der Wissenschaft beim technischen Fortschritt zu erhöhen, die Organisation der Forschungs- und Versuchsarbeiten zu verbessern und die Einführung der Errungenschaften der Wissenschaft in die Produktion zu beschleunigen, beschließt das Plenum des ZK der KPdSU:

1. Wichtigste Aufgabe der Akademie der Wissenschaften der UdSSR, der Akademie für Bauwesen und Architektur der UdSSR, der Akademien der Wissenschaften der Unionsrepubliken, der wissenschaftlichen Fachinstitute, der Hochschulen und aller sowjetischen Wissenschaftler ist die weitere schöpferische Entwicklung von Wissenschaft und Technik in untrennbarer Verbindung mit der Praxis des kommunistischen Aufbaus.

Es ist notwendig, daß die Wissenschaftler in Zusammenarbeit mit den Produktionsarbeitern die Volkswirtschaft mit neuen theoretischen Forschungen, mit neuen Schlußfolgerungen, Empfehlungen und Entdeckungen ausrüsten, die den technischen Fortschritt in allen Zweigen der Volkswirtschaft beschleunigen und zur Erfüllung des 7-Jahr-Planes beitragen.

2. Der Ministerrat der UdSSR wird beauftragt, weitere Maßnahmen durchzuführen, die die Forschungsinstitute, die Konstruktions- und Projektierungsorganisationen enger mit der Produktion verbinden, sowie in den Volkswirtschaftsräten die notwendigen Voraussetzungen dafür zu schaffen, daß die wissenschaftlichen Forschungen allseitig organisiert werden und die wissenschaftliche Basis gefestigt wird, auf die sich die Volkswirtschaftsräte bei ihrer Arbeit für den technischen Fortschritt stützen können.

Es sind Maßnahmen auszuarbeiten und durchzuführen, um die materiell-technische Basis der Forschungsinstitute der Akademie der Wissenschaften, der wissenschaftlichen Zweiginstitute und der Hochschulen zu festigen und diese Institutionen besser mit Ausrüstungen, Geräten und Materialien zu versorgen.

3. Der Staatlichen Plankommission der UdSSR, den Ministerräten der Unionsrepubliken, den Staatlichen Komitees für die Industriezweige und für Bauwesen beim Ministerrat der UdSSR, den Ministerien und Ämtern wird vorgeschlagen, bis zum 1. Januar 1960 Vorschläge vorzubereiten und dem Ministerrat der UdSSR vorzulegen, die die Schaffung von Forschungsinstituten unmittelbar in den Großbetrieben, die Vereinigung einiger wissenschaftlicher Zweiginstitute mit

Hochschulen sowie den Zusammenschluß wissenschaftlicher Institutionen ein und desselben Profils vorsehen.

Die Ministerräte der Unionsrepubliken und die Volkswirtschaftsräte haben zu überprüfen und zu entscheiden, wie die vorhandenen Versuchszentren, Werklaboratorien und Konstruktionsbüros in den Betrieben verstärkt, neue Versuchszentren geschaffen und mit den neuesten Ausrüstungen und Geräten versorgt werden können. Diese Einrichtungen sind vollständig mit qualifizierten Fachleuten zu besetzen.

4. Das Staatliche Wissenschaftlich-Technische Komitee beim Ministerrat der UdSSR, die Akademie der Wissenschaften der UdSSR, die Staatlichen Komitees für die Industriezweige und für Bauwesen beim Ministerrat der UdSSR werden beauftragt, zusammen mit den Volkswirtschaftsräten Maßnahmen zur Verbesserung der Organisation der Forschungs- und Versuchsarbeiten sowie zur Einführung der Errungenschaften von Wisssenschaft und Technik in die Produktion auszuarbeiten und durchzuführen, wobei eine beträchtliche Verkürzung der Termine für die Schaffung neuer technischer Ausrüstung und fortgeschrittener Technologien anzustreben ist.

5. Es wird empfohlen, die Forschungsarbeiten zu verstärken, die auf Grund von Verträgen mit den Volkswirtschaftsräten, mit Industriebetrieben und Baustelllen durchgeführt werden.

Die Staatliche Plankommission der UdSSR wird beauftragt, gemeinsam mit dem Ministerium für Finanzen der UdSSR, mit der Akademie der Wissenschaften der UdSSR, mit dem Staatlichen Wissenschaftlich-Technischen Komitee beim Ministerrat der UdSSR und mit dem Ministerium für Hoch- und Fachschulbildung der UdSSR eine Ordnung für die Finanzierung der wissenschaftlichen Arbeiten zu schaffen, die auf Grund von Verträgen ausgeführt werden; für diese Zwecke sind den Volkswirtschaftsräten den Industriebetrieben und Baustellen die notwendigen Mittel bereitzustellen.

6. Die Staatliche Plankommission der UdSSR, die Staatlichen Plankommissionen der Unionsrepubliken und die Volkswirtschaftsräte werden beauftragt, im Laufe von 6 Monaten zusammen mit dem Ministerium für Hoch- und Fachschulbildung der UdSSR den künftigen Bedarf an Fachleuten mit Hochschulbildung für die Zweige der neuen Technik zu präzisieren und Maßnahmen für eine verstärkte Ausbildung solcher Fachleute auszuarbeiten."

Die Auszüge aus den Beratungen des Plenums des ZK der KPdSU zeigen, daß die Sowjetunion in der Frage der Rekonstruktion an der Spitze des Weltniveaus steht. Ebenso wie in dem uns befreundeten Land greifen auch in unserer Republik die Umstellungsprozesse, die mit der Rekonstruktion verbunden sind, weit in unser Arbeitsgebiet hinein; denn dieses wird nicht nur vom wissenschaftlichen Niveau der Geologen und ihren Kenntnissen bestimmt, sondern auch von der sich ständig weiterentwickelnden Industrialisierung, die alle Industriezweige umfaßt und damit an alle wissenschaftlichen Arbeitsgebiete, einschließlich der Geologie, seine Forderungen auf Modernisierung stellt. Die Planung und Durchführung der Rekonstruktion erfordert die allseitige Mitarbeit der Forscher und Wissenschaftler und bedingt im Denken und Arbeiten des Einzelnen eine Orientierung auf die sozialistische Forschungs- und Arbeitsgemeinschaft. Bei Beachtung der Richtlinien des ZK der KPdSU, den Beschlüssen des ZK der SED und der Regierung der DDR werden wir Geologen durch große Leistungen den beschleunigten Aufbau unserer sozialistischen Industrie maßgeblich beeinflussen können.

Die einzelnen Stadien bei der geologischen Erkundung nutzbarer mineralischer Rohstoffe

EBERHARD KAUTZSCH, Berlin

Die geologische Erkundung nutzbarer mineralischer Rohstoffe erfordert aus verschiedenen Gründen einen systematischen Gang. Die drei allgemeinen Faktoren, Wirtschaftlichkeit, Entwicklung der wissenschaftlichen Erkenntnis über eine Lagerstätte und Zeit beeinflussen dabei die Planung und Durchführung lagerstättenkundlicher Untersuchungen.

Die wirtschaftlichen Gesichtspunkte verlangen, daß das nachzuweisende Mineral von den für seinen geologischen Nachweis benötigten Mitteln nur so hoch belastet wird, daß die Kostensumme für den geologischen Nachweis eines mineralischen Rohstoffes (G), die bergmännische Gewinnung (B) und die Verarbeitung (V) noch einen in unserer Planwirtschaft einzuplanenden Gewinn (R) beim Verkauf (K) ermöglichen. Es ist

$$G + B + V = K + R.$$

Dabei darf $G \leqq K + R - (B + V)$ sein, denn bei $G > K + R - (B + V)$ spricht man von einer „Übererkundung" eines Vorkommens.

Die geologisch-lagerstättenkundlichen Gesichtspunkte erfordern bei der Durchführung eines geologischen Erkundungsprogramms auf Grund der Entwicklung der wissenschaftlichen Erkenntnis über eine Lagerstätte eine logisch aufeinanderfolgende Durchführung einzelner Teiluntersuchungen.

Die Zeitdauer der Erkundung einer Lagerstätte beeinflußt deren Wirtschaftlichkeit insofern, als die Investitionen eines bergbaulichen Schurfbetriebes eine optimale Ausnutzung der durch sie geschaffenen Kapazität in möglichst kurzer Zeit verlangen. Dieser betriebswirtschaftlichen Notwendigkeit steht die Entwicklung der geologisch-wissenschaftlichen Erkenntnis gegenüber, die Zeit beansprucht und die Einhaltung bestimmter Aufschlußfolgen notwendig macht. Es gilt von vornherein bei der Planung einer Schurfarbeit eine gesunde Beziehung zwischen der Entwicklung der wissenschaftlichen Erkenntnis, der betriebswirtschaftlich rationellsten Arbeitsorganisation und dem zeitlichen Arbeitsablauf zu schaffen. Weiterhin verlangt die Planwirtschaft häufig die Einhaltung einer bestimmten Zeit zur Erkundung, damit die gewünschte Mineralmenge der Volkswirtschaft zum notwendigen Zeitpunkt zur Verfügung steht.

Um diese vorgenannten drei Faktoren zufriedenstellend zu berücksichtigen, hat sich bei der Aufstellung und Durchführung von Erkundungsprogrammen die Einhaltung einzelner Stufen als zweckmäßig erwiesen. Die lagerstättenkundliche Arbeit läßt sich in vier solcher Etappen unterteilen, wobei man bei der Gliederung vom Allgemeinen zum Speziellen fortschreitet. Gruppierungen dieser Art wurden mit einer entsprechenden Begründung bereits früher gemacht (VOGEL 1956). Es kommt jedoch nicht nur darauf an, festzustellen, was gemacht werden soll, sondern auch, wie es gemacht werden soll. In der Tabelle wird versucht, über die erste Frage Klarheit zu erlangen und im folgenden einige Hinweise zur zweiten Frage zu geben.

Stadium der allgemein-geologischen Lagerstättenforschung

1. In diesem Stadium wird noch nicht ein bestimmter Rohstoff gesucht, sondern es soll allgemein festgestellt werden, welche nutzbaren Rohstoffe in einem bestimmten Gebiet auftreten. Als Aufgabe ist also die Ermittlung der Gesetzmäßigkeiten bei der Lagerstättenverbreitung in einem bestimmten Gebiet gestellt, wobei lagerstättenhöffige Räume für bestimmte Mineralgruppen festzulegen und genetisch zu begründen sind. Man kann diese Aufgabe von zwei Gesichtspunkten aus lösen:

1.1 Durch lagerstättengenetische Untersuchungen werden vorwiegend mit Hilfe von petrographisch-geochemischen Methoden die Gesetzmäßigkeiten des räumlichen Auftretens bestimmter Rohstoffgruppen in bestimmten Gesteinskomplexen untersucht. Auf dem Fundament der klassischen Lagerstätteneinteilung auf genetischer Grundlage von LINDGREN (1906—1933), NIGGLI (1925) und SCHNEIDERHÖHN (1926) hat sich das Gebäude der modernen Erkenntnis über die petrographisch-geochemischen Gesetzmäßigkeiten bei der Lagerstättenbildung heute so hoch entwickelt, daß man dabei ein sehr hohes Maß an physikalisch-chemischen Überlegungen aufwenden muß, um den gegebenen Problemen gerecht zu werden. Dabei verlangt die moderne Petrographie in zunehmendem Maße möglichst klare Begriffsbestimmungen, wie sie z. B. von SCHÜLLER (1957), fußend auf Ausführungen von RITTMANN (1952) mit Recht gefordert werden. Auch muß vor allem zwischen den beobachteten Erscheinungen und den hieraus zu rekonstruierenden Vorgängen unterschieden werden. So sind z. B. bei subvulkanischen und vulkanischen Gesteinen und den daran geknüpften Veränderungen und Vererzungsmöglichkeiten Untersuchungen und Einteilungen, wie z. B. die von SZADECZKY-KARDOSS (1959) und PANTO (1959), ebenso wie die mündlichen Ausführungen von VAN BEMMELEN auf der Exkursion der Geologischen Vereinigung, Bonn, über ähnliche Probleme in Trient (1959), als Fortschritte in dieser Richtung zu werten. Schließlich verlangt das zunehmende Bedürfnis nach zahlenmäßiger Erfassung der Beobachtungen viel routinemäßige Arbeit, die am besten kollektiv gelöst wird.

1.2 Durch lagerstättenkundliche Kartierung wird allgemein-geologisch der Zusammenhang zwischen den stratigraphisch-faziellen, tektonischen und überhaupt allgemein-geologischen Gegebenheiten und der Lagerstättenbildung untersucht. Deshalb ist in Zukunft in den Erläuterungen für die geologischen Meßtischblätter mehr als bisher Wert auf die Beschreibung von Bodenschätzen zu legen. Da wir in unserer Republik in zunehmendem Maße gezwungen sind, verdeckte Lagerstätten auf Grund genetischer Zusammenhänge und mit Hilfe geophysikalischer und anderer Methoden aufzusuchen, sind bei der Herstellung abgedeckter Karten möglichst vielseitig verschiedene geophysikalische Verfahren mit der geologischen Kartierung zu verknüpfen. Außerdem sollten möglichst weitgehend lagerstättengenetische Karten entwickelt werden, wie sie bekanntlich von TATARINOW und Mitarbeitern (1957), W. E. PETRASCHECK (1958), MAGAKJAN (1958/59) u. a. zur Darstellung der Gesetzmäßigkeiten beim Auftreten von Lagerstätten und ihrer Beziehung zum allgemeinen geologischen Entwicklungsablauf, zum Beispiel mit dem geotektonischen Geschehen auf unserer Erde, vorgeschlagen wurden. Dabei soll die kartenmäßige Darstellung weniger als Erfassung eines bestehenden Zustandes, sondern mehr als Experiment zur Ermittlung unbekannter Zusammenhänge und Entstehungsvorgänge benutzt werden.

Sieben Gruppen von Arbeiten sind auf Grund des Vorstehenden für die allgemeine geologische Lagerstättenforschung notwendig:

a) Die geologische Kartierung im Maßstab 1:25000 dient als Grundlage für das Erkennen des oberflächigen geologischen Aufbaus, die durch Herstellung von abgedeckten Karten und Anwendung moderner Methoden der Tiefenkartierung und durch metallogenetische Karten von Fall zu Fall sinnvoll ergänzt werden sollte.

b) Regional-geophysikalische Übersichts-Aufnahmen wie Gravimetrie, Magnetik und Refraktionsseismik geben, miteinander verknüpft, Anhaltspunkte über den mehr oder weniger tieferen Aufbau des in Frage kommenden Gebietes.

c) Die Aufstellung und Durchführung eines Basisbohrprogramms gibt für den Aufbau des tieferen Untergrundes, für die Stratigraphie, für die Faziesverhältnisse und für die Eichung der geophysikalischen Meßwerte wichtige Anhaltspunkte (KOSSYGIN 1959).

d) Schürfarbeiten können den Oberflächenaufbau und das Auftreten von Bodenschätzen nachweisen.

e) Profilschnitte als Auswertung der Basisbohrungen, der regionalgeophysikalischen Aufnahmen und der geologischen Oberflächenkartierung geben Hinweise für den gesamten Aufbau des Gebietes und die fazielle Ausbildung bestimmter Gesteinskomplexe sowie den tektonischen Aufbau des betreffenden Gebietes, um damit Unterlagen für die allgemein-geologischen lagerstättenbildenden Gegebenheiten im Untergrund und für die Lagerstätten selbst zur zahlenmäßigen Erfassung von Tiefenlage, Mächtigkeit und anderen Parametern zu schaffen. In dieser Beziehung sind die Ausführungen von W. M. KREJTER (1940) und D. A. SENKOW (1958) von Bedeutung.

f) Eine Probenahme in Form von Stichproben in einzelnen höffigen Gesteinskomplexen bestimmt gehaltsmäßig das Auftreten von Rohstoffen.

g) Die während der Untersuchung laufende wissenschaftlich-theoretische und praktisch-laboratoriumsmäßige Auswertung einer solchen regionalgeologischen Lagerstättenuntersuchung faßt alle Ergebnisse der vorstehenden Arbeiten zusammen. Als Ergebnis werden geologische Karten im Maßstab 1:25000 mit entsprechenden Erläuterungen für die Oberfläche, für bestimmte abgedeckte Horizonte sowie als Übersichtskarten für Faziesveränderungen bestimmter stratigraphischer Einheiten hergestellt. Diese zusammenfassenden Karten und Profilunterlagen führen zu zusammenfassenden Darstellungen des betreffenden Gebietsabschnittes und liefern Hinweise für die Möglichkeit zur Aufnahme lagerstättenkundlicher Untersuchungen. Die letzteren müssen dann für das darauffolgende Stadium der Vorerkundung in Form von Projektstudien ausgearbeitet werden.

Solche Projektstudien dienen als Entwurf für die Ausarbeitung von Projekten und behandeln in großen Umrissen die geplante Untersuchung. Die Projekte bringen möglichst umfassend alles vorhandene geologische Material über die Kenntnis des zu untersuchenden Gegenstandes, um daraus ein oder mehrere Arbeitshypothesen als Begründung für den vorzuschlagenden Untersuchungsgang zu entwickeln. Die Untersuchung selbst soll möglichst ausführlich beschrieben und begründet werden. Auf diese Weise gliedert sich ein Projekt in einen geologischen, einen betriebstechnischen und einen finanziellen Teil.

Im folgenden wird eine Inhaltsdisposition für ein solches Projekt gegeben, wie sie sich im Laufe der Zeit herausgebildet hat. Sie ist nicht als starres Schema aufzufassen, sondern mag als Anhalt in jedem Stadium der Erkundung zur ganzen, teilweisen oder auch sinngemäß abgewandelten Anwendung kommen. Auch ist zu bemerken, daß dieses Schema und ein anderes z. Z. beim Zentralen Geologischen Dienst zur Diskussion stehen und ein endgültiger Entscheid über eine solche definitive Rahmendisposition noch aussteht.

I. Geologischer Teil

Vorbemerkungen
1. Aufgabe der geologischen Erkundung
2. Wirtschaftsgeographische Charakteristik des Gebietes
3. Gegenwärtiger Stand der Erkundung und bisherige Ergebnisse
4. Geologische Begründung der zu projektierenden Arbeiten
4.1 Geologische Charakteristik des Gebietes
4.11 Stratigraphie
4.12 Tektonik
4.2 Spezielle Lagerstättenverhältnisse
5. Wirtschaftliche Begründung der Erkundungsarbeiten
6. Methodik der Arbeiten und ihre Begründung
6.1 Geophysikalische Arbeiten
6.11 Vorbereitende Arbeiten
6.12 Notwendige geophysikalische Zusatzmessungen
6.13 Geophysikalische Mitarbeit bei Durchführung und Auswertung der Erkundungsbohrungen
6.2 Geologische Kartierungsarbeiten
6.3 Begründung der Erkundungsmethode
6.31 Erkundungsstadium
6.32 Technische Durchführung der Erkundung
6.4 Bohrlochabstände und Bohrlochteufen
6.41 Begründung der Bohrnetzabstände
6.42 Gesamtumfang der Erkundungsarbeiten
6.43 Bohrverfahren
6.5 Arten und Umfang der geologisch-bergmännischen Erkundungsarbeiten
6.6 Bemusterung
6.7 Bestimmung physikalischer Eigenschaften des Rohstoffes
6.8 Möglichkeiten komplexer Auswertung mehrerer Rohstoffe
6.9 Hydrogeologische und ingenieurgeologische Untersuchungen
8. Dokumentation und Auswertung der geologischen Erkundungsarbeiten

II. Betriebstechnischer Teil

1. Allgemeines
2. Kaderbedarf
3. Durchführung und Organisation der im Projekt vorgesehenen Arbeiten
3.1 Topographisch-geodätische Arbeiten
3.2 Hydrogeologische und ingenieurgeologische Arbeiten
3.21 Umfang der hydrogeologischen und ingenieurgeologischen Arbeiten
3.211 Hydrogeologische Arbeiten
3.2111 Begründung des vorgesehenen Arbeitsumfanges
3.2112 Durchführung und Organisation der zu projektierenden Arbeiten
3.2113 Auswahl der Pumpen
3.212 Ingenieurgeologische Arbeiten
3.3 Geophysikalische Arbeiten
3.4 Bemusterung und chemisch-analytische Arbeiten
3.5 Organisation der Auswertungsarbeiten
4. Organisation des Stützpunktes
5. Organisation der Weiterbildung der Mitarbeiter des Stützpunktes
6. Bohrarbeiten
6.1 Geologische Forderungen für das Bohrprogramm
6.11 Bohrlochmessungen
6.13 Spezialbohrungen
6.2 Festlegung der erforderlichen Verrohrung und des Bohrregimes
6.21 Bohrlochkonstruktion
6.22 Bohrregime
6.3 Geräteauswahl und Ermittlung des wirtschaftlichsten Bohrverfahrens für die geologische Aufgabenstellung
6.31 Geräteauswahl
6.311 Rotary-Bohranlagen
6.312 Craelius-Bohranlagen
6.313 Vorbohranlagen
6.32 Nachweis des wirtschaftlichsten Bohrverfahrens
6.321 Komplexe Erkundung
6.323 Vorbohren
6.4 Ermittlung des Gerätebedarfs
6.41 Zeit- und Leistungskalkulation
6.42 Gerätebedarf
6.5 Bestimmung der Maschinen- und Bohrausrüstung
6.51 Antriebsmaschine
6.52 Bohrmaschinen und Hebewerke
6.53 Bohrtürme
6.54 Spülpumpen
6.55 Maschinenhaus und Arbeitsbaracken
6.56 Bohrausrüstung
6.57 Einrichtungen für die Spülung
6.58 Sicherheitseinrichtungen
6.6 Versorgungseinrichtungen für die Bohranlagen
6.61 Beleuchtung
6.62 Wasserversorgung
6.7 Aufgaben der Spülung
6.71 Spülungsnorm
6.72 Spülungszusätze
6.73 Spülungskontrolle
6.74 Technologische Einrichtungen zur Verbesserung der Spülungseigenschaften
6.8 Zementation im Bohrloch
6.9 Kontrolleinrichtungen und Messungen
6.91 Manometer
6.92 Drillometer
6.93 Bohrloch-Neigungsmessungen
6.10 Abschlußarbeiten im Bohrloch
6.101 Produktionsversuche
6.102 Rohrziehen und Verfüllen
6.11 Verbrauch betriebstypischer Materialien
6.12 Organisation im Bohrfeld
6.121 Lage des Bohrfeldes
6.122 Unterbringung und Versorgung der Bohrmannschaften
6.123 Zentrale Versorgungseinrichtungen für das Bohrfeld
6.1231 Stützpunkt
6.1232 Zentrale Spülungsversorgung
6.1233 Umbau der Bohranlagen einschließlich Vorbereitung und Bereinigung der Bohrplätze
6.13 Arbeitsschutz und Sicherheit
6.14 Arbeitskräfte und Kaderbedarf
7. Bergmännische Arbeiten
7.1 Allgemeines
7.2 Geologische Forderungen für die bergmännischen Erkundungsarbeiten
7.21 Probenahme
7.22 Durchführung der Bemusterung
7.23 Proben für Aufbereitungsversuche
7.3 Zusammenstellung der durchgeführten Arbeiten
7.31 Verkehrsverhältnisse
7.32 Energieversorgung
7.33 Fernsprechverkehr
7.34 Wasserversorgung
7.35 Entwässerung
7.36 Bergehalde

7.37 Abteufen des Untersuchungsschachtes
7.4 Kalkulationsunterlagen nebst Zeit- und Arbeitskräfteplan der durchzuführenden Untertagearbeiten
7.5 Vorgesehene technische Lösungen bei der Durchführung der bergmännischen Erkundungsarbeiten
7.51 Auffahrung des Füllortes
7.52 Auffahrung des Querschlages
7.53 Auffahrung von Strecken im nutzbaren Mineral
7.54 Auffahrung von Überhauen
7.55 Tastquerschläge
7.56 Weiterverteufen des Schachtes
7.57 Berechnung der Schacht- und Streckenförderung
7.58 Bohr- und Schießarbeit
7.59 Arbeit vor Ort
7.510 Preßluftversorgung
7.511 Bohrwasserversorgung
7.512 Wetterführung
7.513 Wasserhaltung
7.514 Beleuchtung
7.515 Elektrotechnische Anlagen
7.516 Brandschutz
7.517 Arbeitsschutz
8. Literaturnachweis

III. Finanzieller Teil

1. Allgemeines
2. Kostenzusammenstellung
2.1 Bohrarbeiten
2.2 Bergmännische Arbeiten
2.3 Markscheiderische Arbeiten
2.4 Wissenschaftliche Arbeiten
2.5 Organisation und Leitung
2.6 Gesamtkosten
2.7 Anteilige Erkundungskosten
3. Zusammenstellung der Ergebnisse

Stadium der Vorerkundung

Die 2. Stufe der geologischen Lagerstättenerkundung, das Stadium der Vorerkundung, ist das eigentliche entscheidende Stadium während der Lagerstättensuche, in welchem in einem lagerstättenhöffigen Raum wirtschaftlich verwertbare Lagerstätten eines bestimmten Rohstoffes nach Lage und Größenordnung festgestellt werden. Die wirtschaftlichen Erfolgsaussichten von allgemein festgestellten Lagerstätten sollen daher in großen Umrissen geklärt und begründete Vorschläge für spezielle Objekterkundungen erarbeitet werden. Die Beziehungen zwischen der Größenordnung der Lagerstätte und dem Wert des Rohstoffes einerseits und dem Aufwand an Nachweismitteln andererseits, müssen hierbei gegeneinander abgewogen werden. Neben diesen wirtschaftlichen Gesichtspunkten spielen die geologischen Gegebenheiten einer Lagerstätte eine bestimmende Rolle für die Auswahl der anzuwendenden Erkundungsmethoden. Die Ausführungen von OELSNER (1958) geben für diese Aufgabe gute Hinweise. Die in diesem Zusammenhang gemachte Forderung nach Toleranzen für die einzelnen Vorratsklassen verschiedener Lagerstättentypen ist auf der internationalen Tagung über Fragen der Vorratsklassifikation vom Januar 1959 nicht für zweckmäßig erachtet worden, weil die Vorräte an mineralischen Rohstoffen dadurch nicht exakter ermittelt werden können und die Planung des Abbaus effektive Vorratsangaben erfordert (Resumé des 1. Internationalen Kolloquiums über Fragen der Vorratsklassifikation vom 27.—29. 1. 59 in Berlin, Ziffer 2, Abs. 4).

Bei der Durchführung der Vorerkundung sind nach Ausarbeitung von Projekten 8 Gruppen von Arbeiten erforderlich:

a) Spezielle geologische Oberflächenkartierung bestimmter lagerstättenhöffiger Räume im Maßstab 1:25000 und in größeren Maßstäben und die Herstellung von abgedeckten Karten, Fazieskarten, geotektonische Karten und anderen Spezialkarten.

b) Geophysikalische Spezialvermessungen, vor allem unter Anwendung gravimetrischer, reflexionsseismischer, magnetischer, elektrischer und radiometrischer Verfahren. Eine sinnvolle Verknüpfung mehrerer solcher Verfahren hat sich in der Praxis als erfolgreich herausgestellt.

c) Geochemische Prospektion sollte ebenfalls häufig verknüpft mit den erwähnten geophysikalischen Messungen der Oberflächenkartierung und mit geotektonischen Spezialvermessungen (Feintektonik) zur Anwendung kommen. In dieser Beziehung gibt das Buch von J. J. GINSBURG über den „Versuch einer Ausarbeitung der theoretischen Grundlagen für geochemische Methoden zum Aufsuchen von Erzen, bunter und seltener Metalle“ (Moskau 1957) viele praktische Hinweise.

d) Tiefbohrungen kommen reihenweise als Profillinien angeordnet und nur in Sonderfällen als ein relativ weites Netz über den zu untersuchenden Raum zum Ansatz.

e) Hand in Hand mit diesen Bohrungen gehen am Ausgehenden bestimmter Gesteinseinheiten, Oberflächen-Schurfarbeiten, wie Schurfgräben und Schurfschächte kleineren Umfanges.

f) Bergmännische Arbeiten nehmen im Stadium der Vorerkundung einen verhältnismäßig geringen Umfang ein.

g) Die Probenahme schafft für die wirtschaftliche Beurteilung des zu erkundenden Rohstoffes die nötigen zahlenmäßigen Unterlagen.

h) Die wissenschaftliche und praktisch laboratoriumsmäßige Bearbeitung findet als Auswertung und Ergebnis dieser Arbeiten in Form von Ergebnisberichten und Vorratsschätzungen in der Kategorie d, maximal C_2 ihren Niederschlag. Diese Ergebnisberichte führen zu Projektstudien für spezielle Objektarbeiten des darauffolgenden speziellen Erkundungsstadiums.

Die Objekterkundung

Das 3. Stadium der geologischen Lagerstättenerkundung ist die eigentliche Objektarbeit. Sie hat die Aufgabe, sämtliche für eine Übergabe der geologisch erkundeten Lagerstätte an die Industrie notwendigen Daten, wie Lagerstättenvorräte nach Tonnage, Mächtigkeit, Gehalt und andere Parameter genau zu ermitteln. Gleichzeitig werden durch diese Objekterkundung die Unterlagen für die Projektierung von Gewinnungs- und Verarbeitungsanlagen des betreffenden Rohstoffes, der in der Lagerstätte nachgewiesen wurde, beschafft. Genaue Daten über Menge und Lagerung des Rohstoffes, Abbaumöglichkeit, Verarbeitungsmöglichkeit, Standfestigkeit des Gebirges, Hydrogeologie des zukünftigen Grubengebäudes, Baugrund für Übertageanlagen u. a. m. sind zu ermitteln. Hierzu muß die Industrie dem Erkundungsgeologen die jeweiligen Konditionen möglichst genau definiert einreichen, damit dieser in die Lage versetzt wird, den wirtschaftlichen Bedingungen entsprechend Vorratsberechnungen vorzunehmen. Als wichtigste Parameter sind hier Gehalte an nutzbaren Wertstoffen im Rohmaterial, und zwar Durchschnittsgehalt, industrieller Minimalgehalt und geologischer Schwellengehalt, ferner Mindestmächtigkeit des Lagers und gewünschte Durchschnittsmächtigkeit, Gehaltsangaben über zugelassene schädliche Beimengungen und sonstige wichtige oder störende Komponenten, bei Spat auch Angaben über die Farbwerte und ähnliches mehr zu nennen.

Zur Durchführung kommen Projekte und die gleichen unter Punkt II bei der Durchführung der Vorerkundung von Lagerstätten durchzuführenden 8 Maßnahmepunkte für die spezielle Objekterkundung sinngemäß zur Anwendung.

Als Ergebnis dieser Objektarbeiten sind übergabereife Vorratsberechnungen der Klassen C_1 bis teilweise B und A_2 zu nennen. In Ergebnisberichten werden so alle für die Projektierung von Gewinnungsanlagen auf dem betreffenden Lagerstättenobjekt notwendigen Daten angegeben. Man beachte hierbei die von der ZVK herausgegebenen allgemeinen Richtlinien und für jedes Mineralgebiet speziellen Instruktionen.

Die betriebsgeologische Arbeit

Als 4. Stadium ist die betriebsgeologische Arbeit beim bergmännischen Gewinnungsvorgang eines mineralischen Rohstoffes zu nennen. Je nach dem Bergbauzweig sind die betriebsgeologischen Arbeiten unterschiedlich, jedoch sind die folgenden montangeologischen Aufgaben in allen Bergbauzweigen etwa die gleichen:

a) Geologische Planung und Überwachung des Abbaus.

b) Hiermit zusammenhängende Überwachung der Bemusterung des Rohstoffes und Überführung in abbaureife Vorratsklassen.

c) Randliche Betriebserkundung der Lagerstätte zur Erweiterung und genauen Abgrenzung des Abbaufeldes.

d) Montangeologische Bearbeitung der Abbaumethoden, der Hydrogeologie, Geotektonik, der Gebirgsdruckverhältnisse, der Oberfläche, insbesondere des Betriebsgeländes u. a. m.

Entsprechend dieser Gliederung ergeben sich auch die Aufgaben, welche vor der Inangriffnahme des Abbaus

Die Stufen der geologischen Lagerstättenerkundung

Stufen der geologischen Arbeiten		Aufgaben	Maßnahmen		Ergebnisse
Allgemein	Im einzelnen		vor der Arbeit	bei der Durchführung	
1. Allgemeine geologische Lagerstättenforschung 1.1 Regionalgeologische Forschung und Erkundung 1.2 Geologische Lagerstättenkartierung	Gliederung zu 1.1 nach geographischen und allgemein geologischen Gesichtspunkten wie Zusammenhänge mit magmatischen, sedimentären, metamorphen und geotektonischen Vorgängen und Einheiten zu 1.2 nach Flachland und Gebirgsland sowie nach Oberfläche, Untergrund (abgedeckten Karten, Tiefenkartierung) und metallogenetischen Karten	Ermittlung der Gesetzmäßigkeiten bei der Lagerstättenbildung und Verteilung in einem bestimmten Gebiet. Aufsuchen lagerstättenhöffiger Räume	1. Projektstudien 2. Rahmenprojekte	1. Geol. Kartierung bis z. M. 1 : 25000 2. Regionalgeophysik. Aufnahmen 3. Basisbhg. und Kartierungsbohrungen 4. Schürfarbeiten 5. Profilschnitte 6. Probenahme 7. Wissenschaftl. und laboratoriumsmäßige Bearbeitung	Zusammenfassende Darstellungen mit Karten u. Profilschnitten. Hinweise auf Möglichkeiten für die Aufnahme lagerstättenkundlicher Voruntersuchungen, Projektstudien für Stufe 2 und 3
2. Vorerkundung von Lagerstätten	Gliederung nach Auswahl der Erfolgsaussichten und wirtschaftlichen Notwendigkeiten	Allgemeine Ermittlung einer Lagerstätte nach Lage, Größenordnung u. wirtschaftlicher Erfolgsaussicht	Projekte	1. Spezialkartierung im M. 1 : 25000 und größer 2. Geophysikalische Spezialvermessung 3. Geochemische Prospektion 4. Tiefbohrungen 5. Schürfarbeiten 6. Bergm. Aufschlüsse 7. Profilschnitte u. Raumbilder 8. Probenahme 9. Wissenschaftl. und laboratoriumsmäßige Bearbeitung	Vorratsschätzungen d bis maximal C_2 Ergebnisberichte Projektstudien für Stufe 3
3. Spezielle Objekterkundung einzelner Lagerstätten	Gliederung nach Mineralien und diese wieder in der Reihenfolge ihrer wirtschaftlichen Schwerpunkte	Ermittlung sämtlicher für eine Übergabe an die Industrie notwendigen Daten wie Lagerstättenvorräte	Projekte		Übergabereife Vorratsberechnungen C_1 (bis teilweise B und A_2) Ergebnisberichte
4. Betriebsgeologische Arbeit beim bergmännischen Gewinnungsvorgang eines mineralischen Rohstoffes		Geologische Betriebsüberwachung	Geologische Betriebsplanung	1. Geologische Abbauüberwachung 2. Bemusterung und Überführung der Vorräte in abbaureife Vorratsklassen 3. Randliche Betriebserkundung 4. Montangeol. Spezialaufgaben	Fachgemäßer und volkswirtschaftlich rationellster Abbau der Lagerstätte

im Rahmen der geologischen Betriebsplanung und bei der Durchführung der Abbauarbeit durch Operativpläne sowie durch die laufende geologische Betriebsüberwachung geleistet werden muß. Als Ergebnis sind hier die rationellste geologisch vertretbare Lagerstättennutzung, unter Berücksichtigung der zum betreffenden Zeitpunkt gegebenen volkswirtschaftlichen Voraussetzungen, sowie eine entsprechende geologische Abbauüberwachung als wichtigste Hauptaufgabe der geologischen Betriebsabteilung eines Bergbaubetriebes zu nennen.

Durch die vorstehenden Schilderungen der einzelnen Stadien der Lagerstättenerkundung sollte die Notwendigkeit des folgerichtigen Ablaufes dieser Arbeiten gezeigt werden. Die häufig beobachtete fehlerhafte Methode des Nichteinhaltens eines folgerichtigen Ablaufs bei der Lagerstättenerkundung kann zu erheblichen wirtschaftlichen Schäden in unserer Montanwirtschaft führen. Der heute allgemein sehr hohe Kostenaufwand bei der Lagerstättensuche, insbesondere bei Aufsuchung verdeckter Lagerstätten, erfordert das Einhalten einer logischen Reihenfolge. Es ist von besonderer Bedeutung, daß vom ökonomischen Standpunkt, ebenso wie vom wissenschaftlichen Standpunkt, der geologische Erfolg von dem Einhalten einer solchen folgerichtigen Reihenfolge abhängig ist.

Literatur

GINSBURG, J. J.: Versuch einer Ausarbeitung für geochemische Methoden zum Aufsuchen von Erzen bunter und seltener Metalle. — Moskau 1957.

KOSSYGIN, J. A.: Über die Entwicklung der Basisbohrungen in der UdSSR. — Z. angew. Geol., Bd. 5, Heft 1, 1957.

LINDGREN, W.: Mineral deposits, 4. Auflage, New York 1913, 930 S.

MAGAKJAN, J. G.: Eine metallogenetische Weltkarte. Berichte der Akademie der Wissenschaften der Armenischen SSR, XXVI, Nr. 3, 1952. Referiert in Zeitschrift für angewandte Geologie 5, Berlin 1959, S. 122 bis 124.

NIGGLI, F.: Versuch einer natürlichen Klassifikation der im weiteren Sinne magmatischen Erzlagerstätten. — Abh. prakt. Geol. 1, 69 S. 1925.

OELSNER, O. W.: Zur Methodik der geologischen Erkundung in Abhängigkeit von Lagerstättentypen. — Zeitschrift für angewandte Geologie 4, S. 322—332, Berlin 1957.

PETRASCHECK, W. E.: Abfassung großräumiger metallogenetischer Karten. — Zeitschrift für Erzbergbau und Metallhüttenwesen 11, S. 299—301, Stuttgart 1958.

PANTO, G.: Vorschläge zur Schaffung einer einheitlichen Terminologie für vulkanische Gesteine. — Z. f. Angew. Geol. Bd. 5, Heft 9, S. 373 bis 376, 1959.

SCHNEIDERHÖHN, H.: Erzlagerstätten, Handbuch der Naturwissenschaften 3, 2. Auflage, S. 844—882, 1926.

SCHÜLLER, A.: Petrographische Grundlage für die geologische Kartierung. — Z. angew. Geol. 3, S. 211—227, 1957.

SENKOW, D. A.: Über Genauigkeit der Erkundungsprofile. — Sowjetische Geologie, 49, Moskau, Zeitschrift für angewandte Geologie 4, S. 559 bis 570, Berlin, Akademie-Verlag 1958.

SZÁDECZKY-KARDOSS, E.: Über Migrationserscheinungen magmatischer und metamorpher Gesteinsbildungsprozesse. — Freiberger Forschungsh. C 58, Akademie-Verlag, Berlin 1959, S. 66—92.

TATARINOW, P. M. und Mitarbeiter: Obstie principi regionalnoge metallogeniceskogo analyse. Wsesojosni geologiceski Institut, Moskwa 1957.

VOGEL, E.: Zur Erkundung von Lagerstätten. — Bergbautechnik 6, S. 171—177 u. 279—283.

ZVK: Richtlinien der ZVK über Form und Inhalt von Vorratsberechnungen vom 6. 2. 1957. — Z. angew. Geol. 3, S. 189—191, Berlin 1957.

Eine neue leichte Feldausrüstung für die induzierte Polarisation mit Gleichstromimpulsen

(Mitteilung aus dem VEB Geophysik Leipzig)

GERHARD NOSSKE, Leipzig

1. Problemstellung

Bei der Deutung geoelektrischer Meßergebnisse über Erzlagerstätten gerät man sehr häufig in die Schwierigkeit, die Wirkung gutleitender graphitischer Schiefer oder lehmiger Bestandteile (Letten) nicht von der eigentlichen Erzindikation unterscheiden zu können. Deshalb werden ständig zahlreiche Schürfe, Bohrungen oder sogar Schurfschächte benötigt, um die substantielle Bedeutung des geophysikalischen Meßbildes zu klären. Zwar besitzen reine sulfidische Erze, deren Lagerstätten für die geoelektrische Prospektion am geeignetsten sind, eine um mehrere Größenordnungen höhere Leitfähigkeit als z. B. das lehmig verwitterte Nebengestein. Aber die heute wirtschaftlich interessierenden Lagerstätten bestehen meist aus Erzimprägnationen, bei denen die hochleitfähigen Erzpartikel durch nahezu isolierendes Nebengestein voneinander getrennt sind, so daß sich mittlere spezifische Widerstände einstellen, die häufig denen graphitischer Schiefer oder noch schlechter leitender, stark verwitterter Gesteinspartien entsprechen.

Vielfach kommt es bei schwachen Imprägnationen auch nicht zur Ausbildung eines deutlichen Eigenpotentials, so daß selbst darauf abzielende Potentialmessungen, die oftmals noch aus einem aufgefundenen niederohmigen Komplex einzelne Kerne tatsächlicher Erzanreicherung herauszuschälen gestatten, erfolglos verlaufen. Das ist übrigens auch dann der Fall, wenn ein Körper mit höheren Erzkonzentrationen nicht in den Bereich der Oxydationszone hineinragt. Und selbst wenn ein Eigenpotential an der Erdoberfläche nachweisbar ist, können bekanntlich durch die Anwesenheit kohlenstoffhaltiger Gesteine oder durch morphologische Effekte noch zahlreiche Irrtümer unterlaufen (NOSSKE 1956).

2. Das Wesen der induzierten Polarisation

Schon vor mehreren Jahrzehnten machte G. SCHLUMBERGER (1912) den Versuch, die Erzeugung künstlicher Polarisationsspannungen an metallisch leitenden Erzkörpern als besonderes selektives Verfahren zur Unterscheidung von elektrolytisch leitenden, tauben Gesteinspartien in die geophysikalische Erzprospektion einzuführen.

Bekanntlich treten Potentialsprünge bzw. elektrische Doppelschichten wegen des Lösungsbestrebens stets an metallisch bzw. elektronisch leitenden Körpern auf, die in einen Elektrolyten tauchen. Sobald aber ein elektrischer Strom durch die Grenzfläche Körper—Elektrolyt zu fließen beginnt, wird der Potentialsprung durch Ionenwanderung und elektro-chemische Vorgänge an der Grenzfläche so verändert, daß man eine zusätzliche Aufladung wahrnehmen kann, die als „elektrolytische Polarisation" bezeichnet wird. Dort, wo die Stromlinien in den Körper eintreten, hat die Ladung an der Oberfläche ein positives, und wo der Strom austritt, ein negatives Vorzeichen.

In der Praxis könnte man zum Nachweis eines elektronisch leitenden Erzkörpers, der in einem feuchten elektrolytisch leitenden Medium eingebettet liegt,

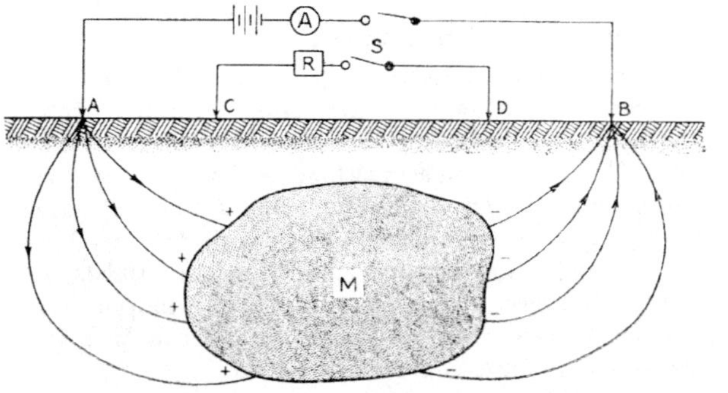

Abb. 1. Prinzip der Polarisationsmessung (nach BLEIL, 1953)

folgende Meßanordnung benutzen (Abb. 1): Über 2 Elektroden A und B fließt aus einer Batterie ein Strom durch den Untergrund. Er erzeugt am Erzkörper M die eben beschriebenen Ladungen verschiedenen Vorzeichens, und nachdem dieser gleichsam wie ein Akkumulator genügend aufgeladen worden ist, kann nach Unterbrechung des Stromflusses über 2 andere Meßsonden C und D eine vom Erzkörper herrührende zeitlich abklingende Spannung mit Hilfe des Registriergerätes R aufgeschrieben werden.

Diese im Prinzip schon von SCHLUMBERGER durchgeführten Versuche scheiterten jedoch früher wahrscheinlich an gewissen technischen Schwierigkeiten. Die erfaßbaren Spannungen zwischen C und D sind nämlich gegenüber den Werten, die man sonst bei gewöhnlichen 4-Punktmessungen erhält, d. h. während des Stromflusses durch A und B, um mindestens eine Größenordnung geringer.

In späteren Jahren haben von verschiedener Seite auch noch ähnliche Versuche stattgefunden, die jedoch bedeutungslos blieben. Erst 1953 legte D. F. BLEIL eine sehr interessante Arbeit über die induzierte Polarisation vor, die mit zahlreichen Modellversuchen die Gesetzmäßigkeiten des Polarisationsvorganges am metallischen Körper untersucht und recht verheißungsvolle Ausblicke auf die praktische Anwendung bietet.

Fast gleichzeitig und unabhängig davon griff W. BUCHHEIM (1954) das Problem auf, verwendet jedoch für die Ermittlung der galvanischen Polarisierbarkeit des Untergrundes niederperiodische Wechselströme verschiedener Frequenzen. Man kann nämlich die Auf- und Entladung am Erzkörper indirekt mit den Vorgängen an einem Kondensator vergleichen, der in einen Wechselstromkreis eingeschaltet ist. Wird für diese Untersuchung eine 4-Punktanordnung benutzt, so zeigt die zwischen den Meßsonden anliegende Spannung in ihrer Phasenlage zum erregenden Strom eine deutliche Frequenzabhängigkeit. Bei einer bestimmten Frequenz, die sogar einen gewissen Rückschluß auf die Größe der Erzpartikel zuläßt, besitzt die bei den Feldmessungen gewöhnlich ermittelte Imaginärkomponente der Sondenspannung einen Extremwert.

Mehrere Schüler BUCHHEIMs (SCHRAGE 1956, ANDERS 1958) haben in letzter Zeit mit großer Energie das Verfahren sowohl theoretisch wie in praktischen Modellversuchen weiterentwickelt. Auch liegen bereits recht gute Meßergebnisse an nordschwedischen Lagerstätten vor (BUCHHEIM & MALMQVIST 1958).

3. Die Feldausrüstung des VEB Geophysik

Die Wechselstrommethode BUCHHEIMs läßt zwar bezüglich der Größe der Erzteilchen ziemlich weitgehende Aussagen zu, bringt aber bei der praktischen Anwendung im Feld gewisse Schwierigkeiten mit sich, weil erstens die Erzeugung sehr niederfrequenter Wechselströme mit genügend hoher Leistung einen beträchtlichen technischen Aufwand erfordert; zweitens stören bei der Spannungsanzeige die fast überall im Boden vagabundierenden Ströme des technischen Wechselstromnetzes, und schließlich tritt mit steigenden Frequenzen der Skineffekt auf, der ebenfalls zu Phasenverschiebungen führt und sich nicht immer eliminieren läßt.

Darüber hinaus ist die Apparatur wegen ihres Umfanges nicht so leicht transportabel, wie dies für den „kartierenden Geophysiker" wünschenswert wäre, und außerdem erfordert die Aufnahme des Frequenzganges einen gewissen Zeitaufwand.

In dieser Hinsicht bietet das Verfahren mit Gleichstromimpulsen nach BLEIL bedeutende Erleichterungen, da der erregende Strom unmittelbar einer Batterie entnommen werden kann und die Registrierung der abklingenden Polarisationsspannungen ungleich weniger Zeit in Anspruch nimmt, wenn dazu eine geeignete Einrichtung geschaffen wird. Allerdings ist damit vorläufig noch keine quantitative Aussage über die Größe der Erzteilchen im Untergrund möglich. Diese Methode dient gegenwärtig lediglich der raschen Kartierung entweder bereits bekannter Zonen guter elektrischer Leitfähigkeit hinsichtlich einer weiteren Aufklärung über deren mögliche substantielle Ursachen oder sogar unmittelbar als erstes Prospektionsverfahren im unbekannten Gebiet. Sie wird also die Wechselstrommethode BUCHHEIMs nicht ersetzen, sondern bezüglich einer flächenhaften Erkundung ergänzen, so wie man etwa geoelektrische Widerstandskartierungen und Tiefensondierungen gewöhnlich kombiniert.

Unter diesen Gesichtspunkten haben H. RÖTHIG und Verfasser (1959) das BLEILsche Verfahren aufgegriffen und in technischer Hinsicht derart ausgebaut, daß die Bedingungen einer schnelleren Beweglichkeit und leichten Handhabung für die Kartierungsarbeit annähernd erfüllt werden. Hierzu dient wie bei BLEIL eine 4-Punktanordnung nach WENNER, bei der bekanntlich die Elektrodenabstände AC = CD = DB = a sind.

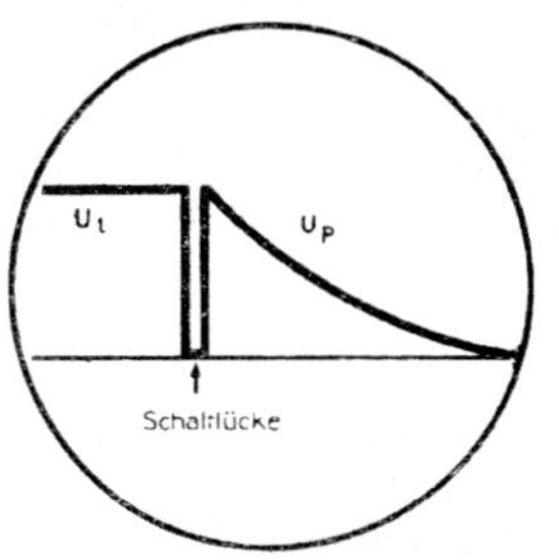

Abb. 2. Schirmbild am Oszillographen des Polarisationsmeßgerätes

Das Kernstück der in den Abbildungen 3 und 4 gezeigten Anlage ist ein Motorschalter, dessen Drehzahl durch eine besondere Fliehkraftkontaktregelung recht präzis konstant gehalten werden kann. Er liefert periodisch über die Elektroden A und B aus einer Batterie die zur Polarisation im Untergrund erforderlichen Stromstöße von 100 millisec Dauer, deren Richtung durch die in den Pausen erfolgende Kommutierung der Anordnung ständig wechselt, um einige am Erzkörper selbst nach längerer Entladung verbleibende Restspannungen aufheben zu können, die sich sonst während der Messung allmählich addieren und die Registrierung stören würden.

Während des Aufladens wird am nachleuchtenden Schirm eines Elektronenstrahloszillographen die zwischen den mittleren Sonden C und D anliegende Spannung U_1 nach erfolgter Verstärkung als rechteckiger Impuls abgebildet (Abb. 2). Dabei ist noch ein besonders wichtiger Regler eingeschaltet, der wegen der Größe von U_1 den Verstärkungsgrad des Gerätes relativ herabsetzt.

Durch die periodische Kommutierung der Anordnung beginnt das Schirmbild sofort im gleichen Rhythmus zu wippen, wenn zusätzlich eine sogenannte Sondenpolarisation, ein Eigenpotential oder eine sonstige vagabundierende Gleichspannung vorliegt, welche die Gleichspannungsmessung verfälschen würde. Mit einem im Meßsondenkreis eingebauten zweistufigen Vorkompensator läßt sich aber das Bild sofort wieder zur Ruhe bringen. Die Kommutierung ermöglicht dann in Verbindung mit dem Schirmbild während der gesamten Messung eine laufende Kontrolle der Vorkompensationen.

Nach 100 millisec Ladezeit schaltet der Motorschalter den oben genannten Regler aus und setzt damit den Verstärkungsgrad herauf, so daß jetzt die 5 millisec später eingeschaltete, viel geringere, abklingende Polarisationsspannung U_p als nach rechts abfallende Kurve etwa in gleicher Größe wie U_1 sichtbar wird (Abb. 2) Für die Zeit der Entladung, d. h. bis zum Einsetzen des nächsten Ladeimpulses in umgekehrter Stromrichtung, sind 200 millisec lange Pausen vorgesehen.

Der Regler, durch den während des Aufladens, d. h. bei dem Schreibvorgang für U_1, der Verstärkungsgrad wieder herabgesetzt ist, hat übrigens eine geeichte Skala bekommen. Wird er nämlich so eingestellt, daß U_p und U_1 in gleicher Höhe nebeneinander auf dem Schirmbild erscheinen, so kann man hier unmittelbar das Verhältnis $S = U_p/U_1$ in mV/V ablesen. S_0 ist eine von BLEIL als „induzierte Polarisationssuszeptibilität" definierte Größe, falls U_{p_0} zum Zeitpunkt der Stromabschaltung ($t = 0$) gemessen wird. Dieser Wert läßt sich hingegen nur auf dem Extrapolationswege ermitteln, weil wegen der steilen rückwärtigen Impulsflanke des aufladenden Stromes die Induktivitäten und Kapazitäten des gesamten Leitungssystems (einschließlich Untergrund) eine erhebliche Verzerrung des einsetzenden U_p-Signals bewirken. Für gewöhnlich läßt man daher bis zur Registrierung von U_p 5 millisec als Schaltlücke verstreichen, die allerdings außerordentlich exakt eingehalten werden müssen.

Im allgemeinen genügt diese Messung von $S = U_p/U_1$ nach einer bestimmten Schaltzeit. S hat dann praktisch die Bedeutung einer durch Bezug auf U_1 normierten Polarisationsspannung für einen bestimmten Zeitpunkt der Entladung. Durch Wahl verschieden langer Schaltpausen kann man eine Abklingkurve S(t) ermitteln.

Es interessieren nun noch die Maßnahmen, die man zur Kompensation der auch hier störenden vagabundierenden 50-Hz-Spannungen ergriffen hat. Hierzu dienen 2 weitere Hilfselektroden, mit denen in hinreichend großer Entfernung vom Meßprofil die in Industriegebieten praktisch überall vorhandene Störwechselspannung nochmals am Boden abzunehmen ist. Sie wird dann in der Phasenlage und Amplitude so geregelt, daß sie nach geeigneter Einkopplung in den Meßsondenkreis die hier störende Wechselspannung gerade aufhebt.

4. Ergebnis von Feldmessungen

In den letzten Monaten ist das eben beschriebene Meßgerät u. a. wiederholt über einem durch einzelne frühere Schrägbohrungen bekanntgewordenen kleinen Schwefelkiesvorkommen westlich Geyer (Erzgeb.) erprobt worden. Es handelt sich hierbei um eine stärkere Imprägnation im Glimmerschiefer, die in der streichenden Verlängerung eines Strahlstein-Granatfelslagers auftritt. Mehrere Pingen deuten darauf hin, daß in früheren Jahren wahrscheinlich der Eiserne Hut von bergbaulichem Interesse war.

Die intensive Oxydation des Pyrits äußert sich geophysikalisch in einer kräftigen Eigenpotentialbildung. Abb. 5 bringt u. a. die Kurvendarstellung einer Eigenpotentialmessung längs einer Profillinie nahezu senkrecht zum Streichen der Vererzungszone. Da kohlenstoffhaltige Gesteine am Aufbau des Untergrundes nicht beteiligt sind, dürfte die Indikation eindeutig auf die Vererzung zurückzuführen sein.

Darunter ist das Ergebnis der Polarisationsmessung (JP-Messung) auf dem gleichen Profil dargestellt. Die Ausdehnung der WENNER-Anordnung betrug hier $a = 20$ m, und die Größe S wurde an jedem Punkt 5 millisec nach Beendigung des 100 millisec dauernden Aufladevorganges bestimmt. Auch diese Meßkurve zeigt ein sehr deutliches, durch mehrere Werte belegtes Maximum, das jedoch gegenüber dem Eigenpotentialextremwert etwas nach links verschoben ist. Als Grund könnte hierfür das Einfallen des Erzkörpers in diese Richtung angenommen werden, wie es auch aus der bekannten geologischen Situation zu schlußfolgern ist.

Abb. 6 bringt Meßergebnisse von einem weiteren Parallelprofil, die neben dem Eigenpotential noch den Verlauf des scheinbaren spezifischen Widerstandes einer Kartierung nach WENNER sowie der reellen und imagi-

Abb. 3. Das Polarisationsmeßgerät im Feldeinsatz

Der Beobachter blickt durch eine Blende auf das Schirmbild des Oszillographen und bedient die Regler für die Vorkompensation und gleichzeitig für die Bestimmung von S. Vor dem Stativ stehen in besonderen Traggestellen die Batterien für die gesamte Stromversorgung

nären Feldkomponente einer elektromagnetischen Messung nach dem in Schweden üblichen Slingram-Verfahren beinhalten. Danach deutet die sehr schwache Slingram-Indikation mit einer Amplitude von noch nicht einmal 5% Abweichung vom Normalniveau der Imaginärkomponente höchstens eine Zone mäßige Leitfähigkeit an, was auch durch die Widerstandsmessung bestätigt wird, deren Kurvenverlauf zwar ein deutliches Minimum aufweist, dessen durchschnittlicher Wert von ca. 4500 Ohmmeter jedoch kaum auf eine Vererzung schließen läßt.

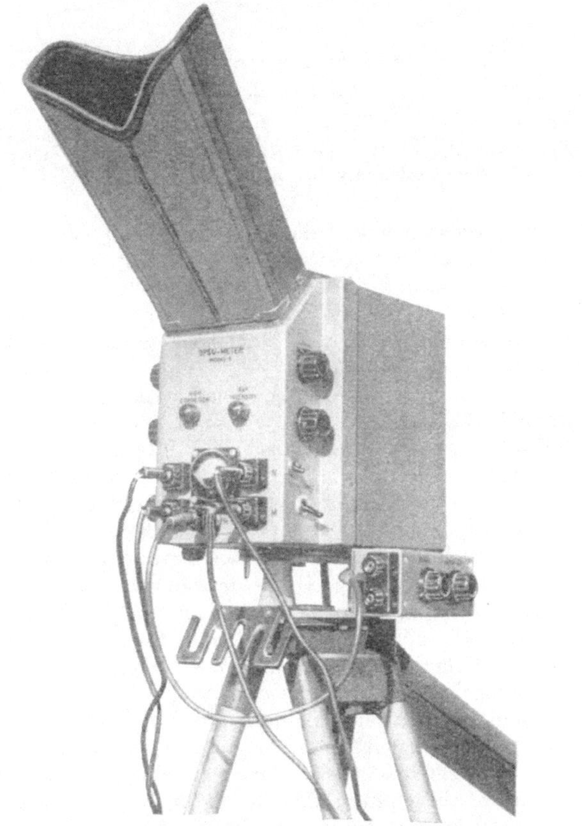

Abb. 4. Nahaufnahme des Polarisationsmeßgerätes
An der rechten Seite ist der Kompensator für die Störungswechselspannung als zusätzlicher Bauteil angebracht

Trotzdem zeigt der Verlauf der JP-Kurven für a = 10, 20 und 40 m mit gleichzeitig verschieden großen Schaltlücken deutlich eine Erhöhung der galvanischen Polarisierbarkeit des Untergrundes an, wobei hier auch wieder die Verschiebung des Maximums gegenüber dem vermutlichen Ausstrich auffällt, der wohl durch das Eigenpotential- und Widerstandsminimum markiert wird.

Im allgemeinen ist eine zunehmende Verbreiterung der JP-Indikation mit wachsenden Elektrodenabständen bzw. mit größer werdender Tiefenwirkung festzustellen. Dies hängt sicher auch mit der Tiefenlage, dem Einfallen sowie der wechselnden Konzentration der Vererzung zusammen. Allerdings liegen zur Zeit noch zu wenig Erfahrungen und Modellversuche vor, um aus den Meßergebnissen einige sichere Rückschlüsse auf die interessierenden Größen ziehen zu können. Zunächst kann man nur qualitativ zwischen oberflächennahen und tiefergelegenen Wirkungen unterscheiden, wie z. B. in Abb. 6 bei Meßpunkt 350 m, wo die Kurve für a = 10 m nur eine schwache Erhöhung der JP andeutet, die bei

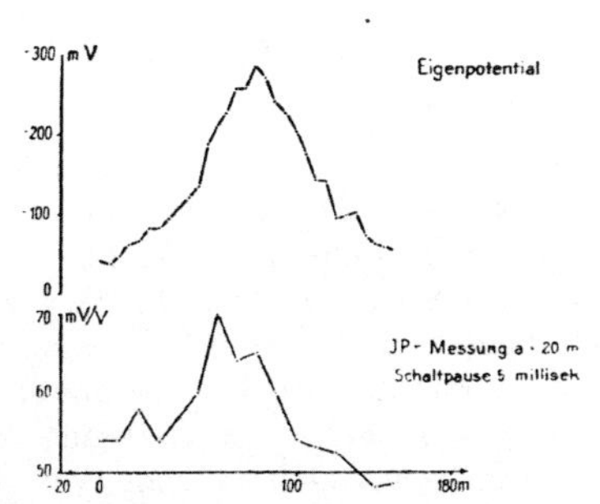

Abb. 5. Eigenpotential- und JP-Verlauf über einer Pyritimprägnation bei Geyer (Erzgeb.)

a = 20 m stärker wird und bei a = 40 m zu einem Maximum anschwillt, das dem absoluten Höchstwert bei Meßpunkt 400 m nur wenig nachsteht.

Es fällt schließlich noch auf, daß die JP-Kurven mit länger werdenden Schaltpausen oder -lücken (in Abb. 6 mit wachsendem a identisch) in einem immer niedriger werdenden Niveau verlaufen. Dies hängt naturgemäß mit dem zeitlichen Abklingen der Polarisationsspannungen zusammen, worauf wir später nochmals zurückkommen.

Zum Vergleich mit den Felderfahrungen sind noch die Ergebnisse zweier Modellversuche über einer Aluminiumplatte in einem wassergefüllten Trog wiedergegeben (Abb. 7). Wenn die Platte senkrecht steht, ergibt sich ein symmetrischer Verlauf der Meßkurve mit einem Maximum, dessen Zentrum sich über dem „Ausstrich" der Platte befindet. Hingegen wird bei einer Plattenneigung um 45° nach links die Kurve unsymmetrisch und der Extremwert weist gegenüber dem „Ausstrich" eine deutliche Verschiebung in Richtung des Einfallens auf, wie es den praktischen Feldergebnissen entspricht. Die übrigen Einzelheiten des Modellversuches lassen sich aber nicht auf die Einzelheiten der Meßkurven im Gelände bei Geyer übertragen, weil die in der Natur zur Ausdehnung der Meßanordnung relativ mächtige Vererzungszone nicht dem Verhältnis

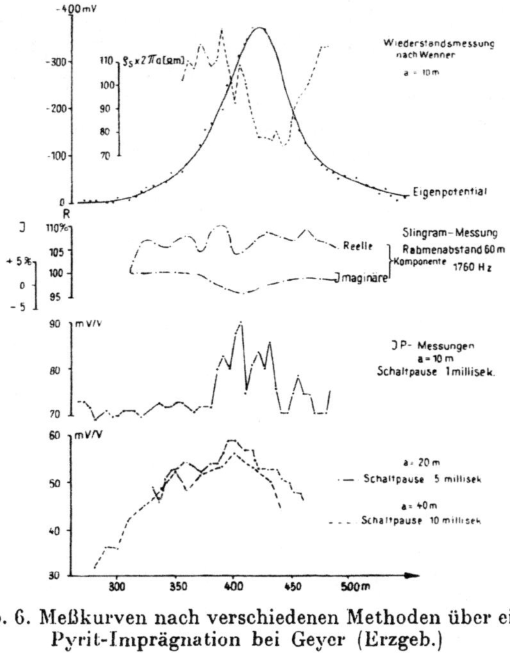

Abb. 6. Meßkurven nach verschiedenen Methoden über einer Pyrit-Imprägnation bei Geyer (Erzgeb.)

der Plattenstärke zu den Elektrodenabständen des Modellversuches entspricht.

Ein weiterer Meßversuch fand über dem durch einen Schurf nachgewiesenen Ausstrich einer Roteisenvererzung im Stringocephalenkalk bei Elbingerode (Harz) statt (Abb. 8). Neben der JP wurde hier vergleichsweise noch der Verlauf des scheinbaren spezifischen Widerstandes in der Meßanordnung nach WENNER mit a = 10 m bestimmt. Beide Meßkurven zeigen ein ziemlich unterschiedliches Verhalten. Der scheinbare spezifische Widerstand erreicht lediglich nahe der Grenze zum Kulm nach einem von Südosten her unregelmäßigen Anstieg ein Maximum und fällt dann ohne besondere Indikation über dem Erzlager (tmk_{Fe}) wieder ab, um schließlich etwa gleichbleibende Werte über dem Schalstein anzunehmen. Demgegenüber besitzt die JP-Kurve über dem Ausstrich der Vererzung ein deutliches Maximum und wird offensichtlich nicht von dem Leitfähigkeitsunterschied zwischen dem Kalk und dem Schalstein beeinflußt. Die nach einem ausgesprochenen Minimum rasch ansteigenden Werte über dem Kulm sind vielleicht auf eine gewisse Zunahme des Kohlenstoffgehaltes im Tonschiefer zurückzuführen.

Ob die relativ erhöhte galvanische Polarisierbarkeit des Erzes auf das Roteisen allein zurückzuführen ist, dürfte fraglich sein. Wahrscheinlich sind hier wesentlich auch die nicht unerheblichen Magnetitbeimengungen beteiligt. In dem Zusammenhang sei darauf hingewiesen, daß die Vererzung eine starke erdmagnetische Anomalie erzeugt hat. Im übrigen dürfte aber die Polarisationswirkung des Erzes zu gering sein, um etwa von der Oberfläche aus in größerer Tiefe nachgewiesen werden zu können, besonders wenn es von Schiefern erhöhter Polarisierbarkeit überdeckt wird.

Hinsichtlich der schon eben erwähnten Wirkung des Kohlenstoffgehaltes auf die galvanische Polarisierbarkeit der Gesteine sei noch ein letztes Meßergebnis über Wissenbacher Schiefern nahe dem Ramberg-Pluton bei Friedrichsbrunn (Harz) angeführt. Hier wurde bei elektromagnetischen Messungen auf Gänge eine relativ gutleitende Zone gefunden, die sich aber bei der Beschürfung als Ausstrich stark kohlenstoffhaltiger Schiefer herausstellte. An der gleichen Stelle tritt übrigens auch ein besonders hohes Eigenpotential auf. In Abb 9. ist das Ergebnis einer Slingram-Messung (Imaginärkomponente) dem Verlauf der induzierten Polarisation gegenübergestellt. Danach erreicht die JP-Kurve im Zentrum der Slingram-Indikation einen scharf begrenzten Maximalbereich von ca. 250 mV/V und fällt

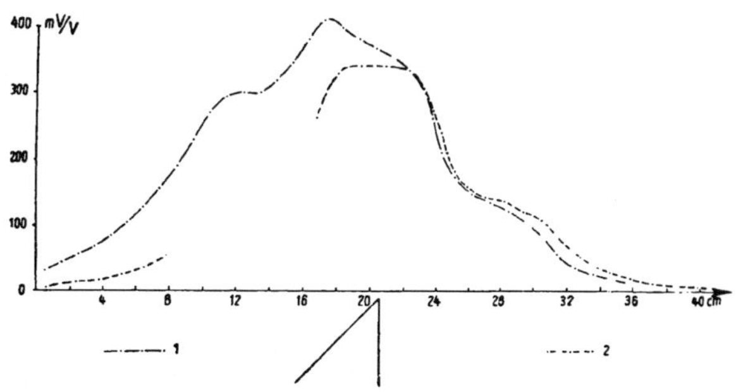

Abb. 7. JP-Modellversuche über einer im Wasser befindlichen Aluminiumplatte

1 — Neigung 45°, 2 — Stellung senkrecht

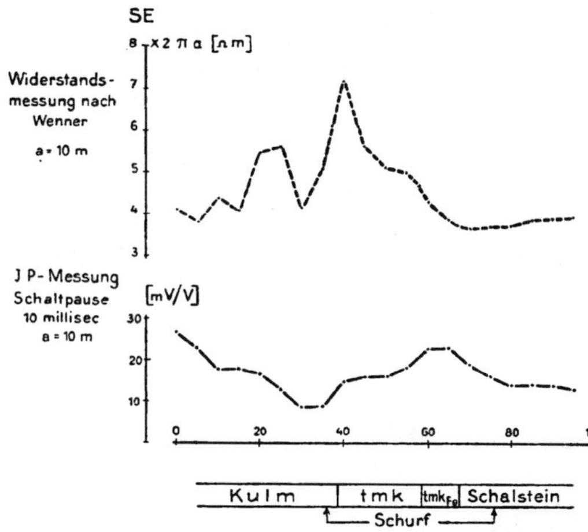

Abb. 8. Meßkurve über einer Roteisenvererzung im Stringocephalenkalk bei Elbingerode (Harz)

nach Nordosten über helleren Tonschiefern sehr rasch auf 1/10 dieses Betrages ab. Nach Südwesten zu treten in zwei deutlichen Stufen auch noch recht hohe Werte von 160 und ca. 200 mV/V auf. Wahrscheinlich handelt es sich hier auch noch um Schieferpakete mit wechselndem Kohlenstoffgehalt.

Die außerordentlich hohe Polarisierbarkeit kohlenstoffhaltiger Gesteine im Vergleich zu Erzimprägnationen hat übrigens auch schon SCHRAGE (1956) mit dem Wechselstromverfahren im Labor untersucht und kam zu dem Ergebnis, daß eine Unterscheidung zwischen graphitischen Gesteinen und Erzpartikeln nur dann möglich ist, wenn die Größe der Erzpartikel die der Kohleteilchen um einige Größenordnungen übertrifft.

Auch wenn man einige ausgewählte Abklingkurven der mit 100 millisec langen Gleichstromimpulsen erzeugten Polarisationsspannungen — bezogen auf die Spannung U_1 — über der Erzimprägnation bei Geyer und den graphitischen Schiefern von Friedrichsbrunn miteinander vergleicht, kommt man zu keinen nennenswerten Unterschieden. Bei einer Darstellung im doppelt logarithmisch geteilten Maßstab (Abb. 10) ergeben sich sehr ähnliche Kurvenscharen, die sich praktisch nur im Niveau durch einen Faktor voneinander unterscheiden. Nur beim genaueren Betrachten zeigt sich, daß die Kurven über dem Pyrit etwas rascher abklingen.

Wenn man den zeitlich letzten Teil der in der logarithmischen Darstellung schwach gekrümmten Abklingkurven durch eine gerade Linie grob annähert, ergibt sich im beobachteten Zeitintervall für die normierte Polarisationsspannung S als Funktion der Zeit t

$$S(t) = A \cdot t^{-0,51} \approx \frac{A}{\sqrt{t}} \qquad A = \text{const.}$$

Berücksichtigt man noch die am Anfang der Kurvenscharen auftretende stärkere Krümmung, läßt sich S im beobachteten Zeitraum in etwas besserer Annäherung mit

$$S(t) \approx \frac{A}{\sqrt{B + t}}$$

darstellen. Da hier erfahrungsgemäß $B \approx 1$ ist, wird

$$S(t) \approx \frac{A}{\sqrt{1 + t}}.$$

Zum Zeitpunkt $t = 0$ ist dann übrigens $S_0 = A$, d. h., A ist die von BLEIL definierte induzierte Polarisationssuszeptibilität. Diese Gesetzmäßigkeit ist aber noch nicht durch eine genügend große Anzahl von Beobachtungen gesichert. Sie gilt vorläufig auch nur für eine Ladezeit von 100 millisec. Vor allem fehlen noch Registrierungen über größere Zeitintervalle, wozu gegenwärtig technische Vorkehrungen getroffen werden.

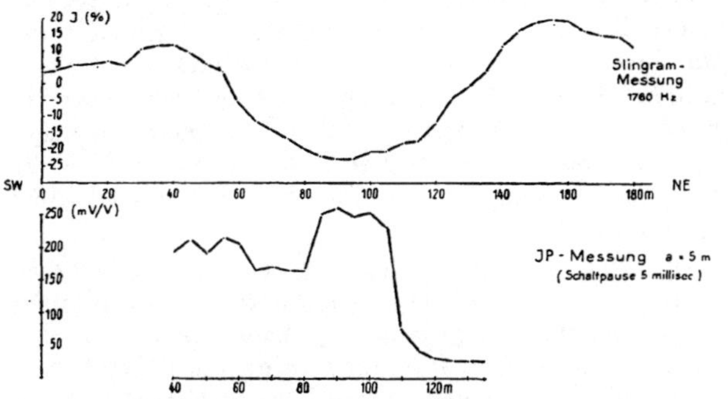

Abb. 9. Meßprofil über kohlenstoffhaltigen Wissenbacher Schiefern bei Friedrichsbrunn (Harz)

Diese vorläufigen Beobachtungen wurden jedoch zunächst auch, unabhängig von der Wirkungstiefe der Anordnungen, bei zahlreichen Messungen immer wieder bestätigt.

Ausblickend darf gehofft werden, daß sowohl das Verfahren W. BUCHHEIMs als auch das vom VEB Geophysik technisch weiterentwickelte Impulsverfahren nach BLEIL als wertvolle Ergänzungsmethoden in die Praxis der geoelektrischen Erzprospektion Eingang finden mögen. Für die Impulsmethode fehlen vor allem noch praktische Erfahrungen an größeren sulfidischen Erzlagerstätten, auch wenn sie in Graphitschiefern eingebettet liegen.

Weitere Versuche werden zeigen, inwieweit ein direkter Einsatz im Erzbergbau als Nahverfahren unter Tage möglich ist, um z. B. die auf Grund von Streckenauffahrungen angestellten Vorratsberechnungen zu sichern. Ausführliche Modellversuche können die Auswertung der Meßergebnisse hinsichtlich einer Abschätzung der Tiefenlage und des Einfallens der Erzkörper noch wesentlich verbessern helfen.

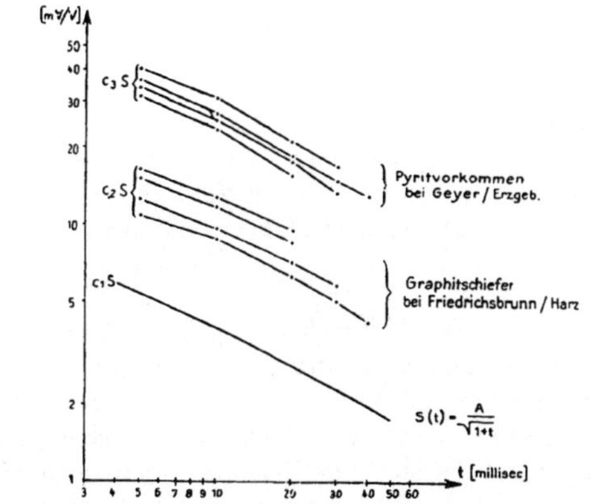

Abb. 10. Abklingkurven über einer Erzimprägnation und graphitischen Schiefern. Die Kurvenscharen sind längs der Ordinate um den Faktor c verschoben worden. Dazu im Vergleich eine angenäherte Funktion S(t)

Literatur

ANDERS, W.: Versuche zur induzierten galvanischen Polarisation an Gesteinsmodellen. — Bergakademie 8/1958, S. 426—431.

BLEIL, D. F.: Induced Polarization: A Method of Geophysical Prospecting. — Geophysics 18, S. 636—661, 1953.

BUCHHEIM, W.: Theoretische Betrachtungen und Versuche zur Unterscheidung elektrolytischer von metallischer Stromleitung im Boden beim elektrischen Schürfen auf Sulfiderze. — Z. Geologie 3, H. 6/7, 1954.

— : Zur Theorie der induzierten galvanischen Polarisation elektrisch aktiver Imprägnationserze. — Freib. Forsch.-H., Reihe C, H. 28, 1956.

BUCHHEIM, W. & MALMQVIST, D.: Anwendung der Methode der induzierten galvanischen Polarisation an Sulfiderzvorkommen des Skellefte-bezirkes in Nordschweden. — Z. Geologie 7, H. 1, 1958.

NOSSKE, G.: Erfolge und Mißerfolge mit Eigenpotentialmessungen. — Z. Angew. Geol. 2, H. 5/6, 1956.

NOSSKE, G. & RÖTHIG, H.: Verfahren zur geoelektrischen Bodenuntersuchung durch Messung der elektronischen Leitfähigkeit. — Deutsches Wirtschaftspatent Nr. 16628, Berlin 1959.

SCHLUMBERGER, C.: Deutsches Patent Nr. 269928 (1912).

SCHRAGE, J.: Experimentelle Untersuchungen zur induzierten galvanischen Polarisation an Sulfiderzen und graphitführenden Gesteinen. — Freib. Forsch. H., Reihe C, H. 28, 1956.

Auffinden tiefliegender Erzlagerstätten durch Untersuchung der primären Dispersionshöfe[1]

W. I. KRASNIKOW, Moskau

Unter den primären Dispersionshöfen von Erzlagerstätten muß man den Gesamtkomplex der Veränderungen um Erzlagerstätten verstehen, die mit den Vorgängen der endogenen und sedimentären Erzbildung zusammenhängen. In methodischer Hinsicht ist es bequem, folgende Dispersionshöfe zu unterscheiden: 1. sichtbare Dispersionshöfe oder Makrodispersionshöfe der um die Erzlagerstätten erfolgten Veränderungen. Diese Höfe werden durch eine disperse (im Vergleich zu den Erzkörpern weniger kompakte) Erz- und Gangmineralisation und andere visuell zu beobachtende Veränderungen der Nebengesteine vertreten; 2. unsichtbare Dispersionshöfe, oder Mikrodispersionshöfe, vertreten durch Zerstreuungen der erzbildenden und der Begleitelemente in den Nebengesteinen. Beide sind die wichtigsten Prospektionskriterien auf Erzlagerstätten.

Die Makrodispersionshöfe waren bereits den alten „Erzkundigen" bekannt und sie wurden von ihnen mit Erfolg beim Aufsuchen und dem Abbau der Erzlagerstätten als „Hinweise auf das Erz" benutzt. Später wurde die Nutzung der Makrodispersionshöfe als direkte und indirekte Merkmale einer gesuchten Vererzung erheblich vervollkommnet und erhielt eine wissenschaftliche Begründung.

Die Existenz der Mikrodispersionshöfe wurde erst in der letzten Zeit bekannt; sie wurden bis jetzt nur sehr wenig untersucht, und zu Such- und Erkundungs-

[1]) Aus: „Materialien für die Allunionsberatung zur Erarbeitung wissenschaftlicher Grundlagen für das Aufsuchen verborgener Erzkörper" (Thesen der Vorträge und Mitteilungen), S. 32—36.

zwecken werden sie noch nicht benutzt. Ihre Rolle ist in dieser Hinsicht indessen außerordentlich groß, da die Mikrodispersionshöfe weit über die Grenzen der sichtbaren, um Erzlagerstätten erfolgten Veränderungen hinausgehen. Besonders wichtig ist die Nutzung dieser Dispersionshöfe beim Aufsuchen von tiefliegenden Erzkörpern, die nicht an der Oberfläche ausbeißen.

Die primären Dispersionshöfe bilden einen untrennbaren Bestandteil der Erzlagerstätten; sie entstehen gleichzeitig mit ihnen durch die gleichen Prozesse der Erzgenese (einschließlich der Prävererzungs- und der Postvererzungsphase), und sie werden im wesentlichen durch die gleichen Faktoren kontrolliert, durch welche die Formierung der industriellen Erzkörper bestimmt wird.

Die Dispersionshöfe der endogenen Lagerstätten entstehen in den Erzbegleitstrukturen (Brüchen, Zerrüttungs-, Kluft-, Porositätszonen usw.) und in den Nebengesteinen, in welche die erzbildenden und die Begleitelemente durch Diffusion und Infiltration in der flüssigen und in der Gasphase eindringen. Daher hängen Form und Abmessung der Dispersionshöfe in erster Linie von der Durchlässigkeit der das Erz begleitenden Gesteine, dem Auftreten struktureller Abschirmungen, „Fallen" u. a. ab. Ein zweiter wichtiger Faktor ist die Zusammensetzung der Nebengesteine. In chemisch trägen Gesteinen (z. B. Silikaten) migrieren die Erzelemente in der Regel größere Strecken als in aktiven Gesteinen (Karbonaten), die infolgedessen für die Ausbildung großer (ausgedehnter) Dispersionshöfe weniger günstig sind.

Die maximalen Abmessungen der Dispersionshöfe fallen gewöhnlich mit der Bewegungsrichtung der erzbildenden Fluide zusammen, die bekanntlich von unten nach oben verläuft. Daher ist für die meisten endogenen Erzlagerstätten eine subvertikale Orientierung der primären Dispersionshöfe charakteristisch. Dieser Tatbestand ist für die Tiefenprospektion auf Erzlagerstätten sehr wichtig. Die Ausdehnung der Dispersionshöfe in der Vertikalen kann einige hundert Meter erreichen. Die sichtbare Erzmineralisation (Einsprengung, Trümer) ist dabei gewöhnlich auf einige Meter oder einige Dutzend Meter von den Erzkörpern weg beschränkt, während die Gangmineralisation und die hydrothermalen Veränderungen der Nebengesteine ohne sichtbare Vererzung auf eine Entfernung von vielen Dutzenden und bisweilen bis zu einigen hundert Metern von den Erzkörpern weg festzustellen sind. Die Mikrodispersionshöfe überdecken gewöhnlich den „erzfreien" Teil der Makrodispersionshöfe und entwickeln sich weit über die Grenzen dieses Teils hinaus, bisweilen auf viele Hunderte Meter von den Erzkörpern weg.

Die primären Dispersionshöfe der sedimentären Lagerstätten entstehen in den produktiven Horizonten, welche die industriellen Erzlager umgeben. Im Gegensatz zu den Dispersionshöfen der endogenen Lagerstätten besitzen sie ursprünglich eine horizontale Orientierung, d. h., sie werden durch begrenzte Abmessungen in der Vertikalen (Meter, Dutzende von Metern) und große Abmessungen (Hunderte von Metern, Kilometer) im Grundriß (nach Streichen und Fallen) charakterisiert. Die Mikrodispersionshöfe sind auch in diesem Fall im Vergleich zur dispersen Erzmineralisation der Makrodispersionshöfe erheblich breiter und weitreichender.

Die stoffliche Zusammensetzung der Dispersionshöfe befindet sich in direkter Abhängigkeit von der Zusammensetzung der Lagerstätten selbst. Fälle einer vollkommenen Analogie zwischen beiden sind jedoch verhältnismäßig selten.

Als natürliche Fortsetzung der Erzkörper in den Nebengesteinen spiegeln die primären Dispersionshöfe in ihrer Zusammensetzung die gesetzmäßige Zonarität der endogenen und der sedimentären Erzbildung wider. Die Formierung der primären Dispersionshöfe endogener Lagerstätten wird im wesentlichen durch die Migrationsfähigkeit der Elemente, die Durchlässigkeit und die chemische Aktivität der Nebengesteine bestimmt. Die Dispersionshöfe der sedimentären Lagerstätten werden durch die gleichen lithologisch-faziellen Verhältnisse kontrolliert, welche die Zusammensetzung und den Bau der Lagerstätten selbst bestimmen.

Die Methodik des Aufsuchens von Erzlagerstätten nach ihren primären Dispersionshöfen ist noch nicht ausgearbeitet, und gegenwärtig kann sie nur in den allgemeinsten Zügen skizziert werden. Es ist vor allem erforderlich, das visuelle Aufsuchen von Erzlagerstätten durch eingehende geochemische Untersuchungen von Bereichen mit indirekten Anzeichen einer Vererzung zu ergänzen.

Die Entdeckung von höheren Konzentrationen der erzbildenden Elemente (Mikrodispersionshöfen) in solchen Bereichen kann die indirekten Suchmerkmale in direkte verwandeln und zur Entdeckung tiefliegender Lagerstätten beitragen.

Bei Such- und Erkundungsbohrungen ist es erforderlich, eine sog. geochemische Karottage der Bohrungen durchzuführen, d. h. eine eingehende geochemische Bemusterung des Kerns über das ganze Profil oder in bestimmten, interessanten Intervallen, wobei die Proben auf einen breiten Kreis von Elementen analysiert werden (das gleiche gilt auch für bergmännische Aufschlüsse, die zu Such- und Erkundungszwecken angelegt werden). Die durch diese Bemusterung festgestellten geochemischen Mikrodispersionshöfe müssen neben den Erzkörpern und den Makrodispersionshöfen der dispersen Erzmineralisation systematisch erkundet werden. Die Netze der Such- und Erkundungsbaue müssen unter Berücksichtigung dieser Forderung festgelegt werden, wobei man von den ermittelten oder vermuteten Abmessungen und der Morphologie der primären Dispersionshöfe der gesuchten Erzlagerstätten (beim Aufsuchen) und der Erzkörper (bei der Erkundung) ausgeht.

Das Aufsuchen sedimentärer Lagerstätten in der Tiefe kann mit Hilfe eines weitmaschigen Netzes von Bohrungen, die darauf gerichtet sind, zunächst eine regionale „Verseuchung" der produktiven Formationen mit Erzelementen aufzufinden (Einzelbohrungen und Profile), erfolgreich verwirklicht werden. Diese Bohrungen stellen ferner die primären Dispersionshöfe der Erzlagerstätten fest (durch systematisches Abbohren der häufigsten Felder), die nach den Angaben von vorher durchgeführten Untersuchungen und auf der Basis allgemeiner theoretischer Erwägungen ausgesondert wurden. Alle Bohrungen müssen in komplexer Methode geologisch, geophysikalisch und geochemisch untersucht werden. Der rationelle Komplex dieser Untersuchungen wird in Übereinstimmung mit den geologischen Verhältnissen und den zu lösenden Aufgaben festgelegt.

Bei der geologischen Interpretation der festgestellten Dispersionshöfe und bei den folgenden Arbeiten, die den Übergang von den Dispersionshöfen zu den Lagerstätten und den einzelnen Erzkörpern beinhalten, müssen in erster Linie untersucht und berücksichtigt werden:

a) die geologische Position, die Abmessungen und die Intensität des Dispersionshofes; diese Faktoren erlauben es, in erster Annäherung die Höffigkeit zu beurteilen;

b) die Paragenesen, die Form des Auftretens und die quantitativen Verhältnisse der Erzelemente im Dispersionshof, die gewöhnlich für jeden Lagerstättentyp charakteristisch sind; diese Daten werden dazu verwendet, Pseudoanomalien auszuschalten und den möglichen Lagerstättentyp zu beurteilen, mit dem die Erzanomalien zusammenhängen;

c) die spezifischen Züge der Verteilung der Erzelemente im Dispersionshof (Veränderung der absoluten Gehalte, der Paragenesen und der quantitativen Verhältnisse der Elemente an verschiedenen Punkten des Dispersionshofes); sie geben gewöhnlich die Möglichkeit, die wahrscheinliche räumliche Lage der gesuchten Erzkörper zu beurteilen.

Die Untersuchung und Nutzung der primären Dispersionshöfe der Erzlagerstätten für die Prospektion bilden eine der wichtigsten Bedingungen für die Erhöhung der Tiefenreichweite der Sucharbeiten und die Steigerung der Gesamteffektivität der geologischen Erkundungsarbeiten. Besonders wichtig ist die unverzügliche umfassende Anwendung dieser Methode auf den in der Erkundung und im Abbau begriffenen Lagerstätten, um verborgene Erzkörper aufzufinden, die nicht selten einen erheblichen Teil der Gesamtvorräte enthalten. Nicht minder wichtig und aussichtsreich ist auch die Tiefenprospektion auf Erzlagerstätten an Hand der primären Dispersionshöfe in überdeckten Gebieten, und zwar in solchen wie der Turgai-Senke, der osturalischen und der Tschulymo-Jenissej-Syneklise, einigen Gebieten Mittelasiens usw. Die gegenwärtigen wissenschaftlichen und technischen Möglichkeiten gestatten es, an die systematische Untersuchung solcher Gebiete zu gehen, welche die wichtigste Reserve des Geologischen Dienstes der UdSSR bilden.

Die Bearbeitung der wissenschaftlich-methodischen Fragen, die mit der Tiefenprospektion auf Erzlagerstätten an Hand der primären Dispersionshöfe zusammenhängen, befindet sich noch im allerersten Stadium. Unter Berücksichtigung der gewaltigen praktischen Bedeutung dieses Problems ist es notwendig:

a) die Untersuchung der primären Dispersionshöfe von Lagerstätten aller Typen in allergrößtem Maße zu organisieren, im wesentlichen mit den Kräften der örtlichen Geologen, bei methodischer Hilfe durch die wissenschaftlichen Mitarbeiter der Akademie der Wissenschaften der UdSSR, der Akademie der Wissenschaften der Unionsrepubliken, der Filialen der wissenschaftlichen Forschungsinstitute und der Hochschulen;

b) in den entsprechenden Instituten und den geologischen Erkundungsbetrieben sind die wissenschaftlichen Forschungsarbeiten und methodischen Versuche zu den allgemeinen Fragen der Methodik beim Aufsuchen von Erzlagerstätten auf der Basis der Untersuchung ihrer primären Kontakthöfe breit zu entfalten. Ferner ist die Ausarbeitung von Spezialmethoden hinsichtlich der konkreten geologischen Verhältnisse und der Lagerstättentypen notwendig;

c) bei einer Reihe typischer Lagerstätten von Buntmetallen und seltenen Metallen experimentelle Sucharbeiten auf verborgene Erzkörper an Hand der primären Dispersionshöfe durchzuführen;

d) an das systematische Aufsuchen von verborgenen Erzlagerstätten in überdeckten Gebieten zu gehen, wobei zu diesem Zweck die höffigsten Felder auf der Basis der lithologisch-faziellen Analyse und paläogeographischer Rekonstruktionen ausgesondert werden.

Grundsätze komplexer hydrogeologischer Untersuchungen im Bereich der Lockergesteine

JOHANNES ZIESCHANG, Berlin

Einleitung

Im Rahmen der Bilanzierung der Wasservorräte wird über kurz oder lang auch für das Gebiet der Deutschen Demokratischen Republik eine genaue Erfassung aller Grundwasservorräte in verschiedenen Kategorien notwendig werden. Dabei ist zu beachten, daß die einzelnen Vorratskategorien aus den verschiedenen Erkundungsstadien hervorgehen. In Anlehnung an die sowjetische Klassifikation von Grundwasservorräten, in der eine Einteilung in A_1, A_2, B, C_1 und C_2 erfolgt, müssen die nachfolgend beschriebenen komplexen hydrogeologischen Untersuchungen[1]) zur Übergabe von Grundwasservorräten der Kategorie B führen. Grundwasservorräte der Kategorie B können zur Begründung eines Grundwassergewinnungsprojektes mit konkreter Wahl des Fassungsstandortes oder bei erheblichem Überschuß der nutzbaren Vorräte gegenüber dem Bedarf als Projektierungsgrundlage benutzt werden.

Die nachfolgend beschriebenen komplexen hydrogeologischen Untersuchungen beziehen sich in der Hauptsache auf den Nachweis von Vorräten des natürlichen Grundwasserdargebotes (ausschließlich Quellwasser), während der Nachweis von künstlichen Grundwasservorräten abgewandelte komplexe hydrogeologische Untersuchungen verlangt, die zum Teil schon den Nachweis von B-Vorräten des natürlichen Grundwasserdargebotes im Untersuchungsgebiet voraussetzen. Da sich die komplexen hydrogeologischen Untersuchungen auf hydrogeologischen Einzeluntersuchungen aufbauen, können letztere im Bedarfsfalle abgeleitet zur Anwendung gelangen. Im folgenden werden nur solche Arbeitsmethoden aufgeführt, die sich in der Praxis bewährt haben und oft Anwendung fanden. Die Grundsätze erheben in keiner Weise Anspruch auf Vollständigkeit; ihre Bekanntgabe soll u. a. besonders zur einheitlichen Anwendung und Auswertung hydrogeologischer Tastbohrungen[2]) und Pumpversuche beitragen.

Die interessierenden Gebiete

Komplexe hydrogeologische Untersuchungen werden im Gebiet der Deutschen Demokratischen Republik besonders zur Erkundung von größeren Grundwasserlagerstätten innerhalb der Lockergesteine des Quartärs durchgeführt. Neben dem Nachweis von Vorräten zum

[1]) Unter komplexen hydrogeologischen Untersuchungen versteht man die systematisch-flächenhafte und umfassende Erkundung eines oder mehrerer Gundwasserleiter oder -stockwerke durch Bohrungen, Pumpversuche usw.

[2]) Als Tastbohrungen gelten diejenigen Bohrungen, die zum Zwecke der Erkundung des Erdaufbaues (Grundwasserleiter und -stauer, deren Mächtigkeiten und Beschaffenheit) niedergebracht werden. Neben der Tastbohrung gibt es weiterhin die Pegelbohrung, die nur zwecks Errichtung eines Grundwasserpegels in besonderen Fällen durchgeführt wird (sog. Hydrologische Dreiecke, Pegelbeobachtungsnetz bei Dauerpumpversuchen). Hydrogeologische Tast- und Pegelbohrungen werden innnerhalb der Lockergesteine prinzipiell als Trockenbohrungen niedergebracht.

Zwecke einer kontinuierlichen Grundwassergewinnung für die Trink- und Brauchwasserversorgung sind komplexe hydrogeologische Untersuchungen auch im Bereich von Braunkohlenlagerstätten vor deren Abbauprojektierung durchzuführen. Hierbei sind außer den Vorräten des natürlichen Grundwasserdargebotes auch die ruhenden Grundwasservorräte zu erkunden.

Das Ziel der komplexen hydrogeologischen Untersuchungen

Die komplexen hydrogeologischen Untersuchungen dienen der Erforschung von Grundwasservorkommen hinsichtlich ihrer Quantität, Qualität und Gewinnbarkeit.

Der Begriff der Quantität ist bei der Grundwassererkundung zwecks Vorratsnachweises für eine kontinuierliche Grundwassergewinnung (Wasserversorgung auf natürlicher Grundwasserbasis) ein besonderer; er ist weniger von der angetroffenen Grundwassermenge (ruhende Grundwasservorräte), sondern vielmehr von der Möglichkeit der Neubildung von Grundwasser abhängig (Vorräte des natürlichen Grundwasserdargebotes). Dieser Umstand unterscheidet das Mineral Grundwasser von den übrigen Mineralien in lagerstättenkundlicher Hinsicht. Die Darlegung der Ergebnisse komplexer hydrogeologischer Untersuchungen erfolgt in Form eines Ergebnisberichtes, in dem die genannten drei Hauptwerte einwandfrei belegt sein müssen.

a) Die Quantitätsbestimmung hat erstens an Hand der Durchflußgleichung

$$Q = V \times F$$

oder der Formel nach DARCY

$$Q = k_f \times I \times H \times B$$

dabei bedeuten

Q	= Grundwassermenge	in m^3/s
V	= Grundwassergeschwindigkeit (Durchgangsgeschwindigkeit)	in m/s
k_f	= Durchlässigkeitsbeiwert	in m/s
I	= Grundwassergefälle	
F	= Durchflußfläche	in m^2
H	= Höhe des Grundwasserleiters	in m
B	= Berechnungsbreite des Grundwasserleiters	in m

und zweitens durch die Bestimmung des Einzugsgebietes in Verbindung mit den gegebenen Niederschlagsverhältnissen sowie der Bodenversickerung zu erfolgen.

Bei Einzelbrunnen können anstelle einer Durchflußberechnung die durch einen Dauerpumpversuch ermittelten Brunnenleistungswerte angegeben werden.

b) Die Qualität des Grundwassers ist durch chemische Analysen zu belegen. In besonderen Fällen ist die Aufbereitbarkeit zu prüfen.

c) Der Nachweis über die Gewinnbarkeit des Grundwassers hat durch die Untersuchung des Kornaufbaues des Grundwasserleiters und durch die Charakterisierung der Grundwasserlagerstätte zu erfolgen.

Die Durchführung von komplexen hydrogeologischen Untersuchungen

1. Ermittlung der Mächtigkeit, Ausdehnung und Beschaffenheit der Grundwasserlagerstätten durch Tastbohrungen

Die Ermittlung des Aufbaues der Erdschichten erfolgt durch Tastbohrungen, die möglichst auf günstigen Profillinien anzuordnen sind. Als günstige Profillinien können zu Beginn einer Felduntersuchung die senkrecht zur vermuteten Grundwasserfließrichtung verlaufenden angesehen werden, wobei die zu wählenden Bohrlochabstände bei einfachem gleichbleibendem Schichtenverlauf und mächtigem Grundwasserleiter bis etwa 2 km betragen können. Je nach der Kompliziertheit des geologischen Aufbaues müssen verdichtende Tastbohrungen angesetzt werden; eine gleichmäßige Verdichtung ist jedoch meist nicht notwendig.

Die Tiefe der Tastbohrungen richtet sich nach dem Erkundungsziel. In relativ unbekanntem Gelände sind die tiefsten Tastbohrungen auf jeden Fall zuerst durchzuführen.

Die geologische Bearbeitung und Aufnahme der durch die Tastbohrungen gewonnenen Bodenproben erfolgt mittels Feldmethoden während der Befahrung der Bohrstelle; das Ergebnis wird durch das Schichtenverzeichnis dokumentiert. Darin sind in erster Linie diejenigen petrographischen Details zu vermerken, die für die hydrogeologische Beurteilung bedeutungsvoll sind. Die auf das Alter und die Genese hinweisenden petrographisch-geologischen Details können auch am Schluß des Schichtenverzeichnisses vermerkt werden, falls die hydrogeologische Kennzeichnung der Schichten unübersichtlich wird.

Die vom Bohrmeister festzuhaltenden wesentlichen natürlichen Veränderungen des Grundwasserspiegels während des Bohrfortganges sind stets am Schluß des Schichtenverzeichnisses aufzuzeichnen.

Um das Bohrergebnis hinreichend genau festlegen zu können, müssen im Kopf des Schichtenverzeichnisses (Listenkopf 1) neben dem Namen des Objektes und der fortlaufenden Numerierung (mit Bohrjahrkennzeichnung, z. B. 1/58) auch die aus dem Meßtischblatt zu entnehmende oder eingemessene Höhenlage des Bohransatzpunktes (bestenfalls Dezimeter-Genauigkeit) sowie der Rechts- und Hochwert und bei Einzelbohrungen zusätzlich der Name des Bearbeiters angegeben werden.

Zwecks einwandfreier Aufnahme der Bodenproben hat der Bohrmeister neben der Probenaufbewahrung in Fächerkästen mit Einzelfächern zu 10×10×10 cm Inhalt fortlaufend eimergroße Probehäufchen hintereinander auszuschütten. In dieser Weise ist jede Schicht und ein gleichbleibender Grundwasserleiter etwa alle zwei Meter durch eine Probe zu belegen. Die Teufenangaben sind auf den Fächerkästen dauerhaft festzuhalten; diese Werte sind bei der Aufnahme mit den im Buch des Bohrmeisters notierten Werten zu vergleichen.

Nach der Aufstellung des Schichtenverzeichnisses erfolgt die Probenahme für die siebanalytische Untersuchung, die sich im Normalfall über alle hinreichend grundwasserleitenden Schichten erstreckt. Zu diesem Zwecke werden aus den Probehäufchen etwa 0,5 bis 2 kg schwere Proben entnommen. Beim Überwiegen von kleinen Korngrößen und bei einem niedrigen Ungleichförmigkeitsgrad genügen kleinere Probemengen, während kiesiges Material und solches mit einem hohen Ungleichförmigkeitsgrad größere Probemengen verlangen. Die siebanalytische Untersuchung erfolgt meist im Labor, in manchen Fällen jedoch zweckmäßigerweise auch an der Bohrstelle. Es ist mindestens eine Trennung zwischen Feinstem, Feinsand, Mittelsand, Grobsand, Feinkies, Mittelkies und Gröbstem notwendig (Korngrößen nach DIN 4022, Entwurf Januar 1953).

Sollen für besondere Arbeiten größere Probemengen untersucht werden, so sind entsprechende Vorkehrungen zu treffen. Auch kann zu speziellen Zwecken angeordnet werden, das gesamte Bohrgut jeweils Schicht für Schicht gesondert auf mehrere Haufen zu schütten.

2. Pumpversuche

Die Einteilung der Pumpversuche erfolgt nach Dauer und Zweck.

Jede Tastbohrung ist wenigstens durch einen Kurzpumpversuch zu bewirtschaften, falls ein Grundwasserleiter angetroffen wird und die technischen Voraussetzungen gegeben sind. Mehrere Grundwasserstockwerke sollten getrennt durch je einen Kurzpumpversuch überprüft werden. Als oberste Grenze der Dauer eines Kurzpumpversuches sind ca. 24 Stunden anzunehmen. Jedoch sollten alle Kurzpumpversuche unter Ausnutzung des Tageslichtes durchgeführt werden; die hierbei zur Verfügung stehenden ca. 8—12 Stunden genügen in den meisten Fällen, ein vollwertiges Ergebnis zu erzielen. Der Kurzpumpversuch wird hauptsächlich zur Feststellung der spezifischen Ergiebigkeit durchgeführt. Die spezifische Ergiebigkeit ist ein Wert, der die Leistung eines beliebigen Brunnens in Liter pro Sekunde bei einer Wasserspiegelabsenkung von einem Meter innerhalb des Brunnens angibt. Dieser Wert ist in hohem Maße von der technischen Beschaffenheit des Brunnens abhängig und nur dann als wahrer Wert zu betrachten, wenn der abgesenkte und zur Berechnung der spezifischen Ergiebigkeit herangezogene Stand des Wasserspiegels im Versuchsbrunnen ca. 3 Stunden lang einen Beharrungszustand gezeigt hat.

Bei der Ermittlung der spezifischen Ergiebigkeit sind innerhalb eines Kurzpumpversuches mindestens eine Absenkungsstufe durchzuführen und möglichst drei Absenkungsstufen anzustreben; d. h., es sind ein bis drei verschiedene Beharrungszustände des Wasserspiegels im Versuchsbrunnen bei ein bis drei verschiedenen Fördermengen zu erreichen bzw. anzustreben. Daraus lassen sich bis zu drei verschiedene spezifische Ergiebigkeiten errechnen.

Um den Beharrungszustand möglichst schnell zu erreichen und das Entsanden allmählich zu gestalten, ist in der ersten Absenkungsstufe nur mit einer kleinen Leistung zu fahren (ca. 5—15 m^3/h).

Während der zweiten und dritten Absenkungsstufe sollten bei Kurzpumpversuchen zur Ermittlung der spezifischen Ergiebigkeit nur mittlere Förderleistungen erreicht werden (20—40 m^3/h). Der gesamte Pumpversuch ist kontinuierlich ohne Unterbrechungen zu fahren.

Um einen Pumpversuch durchführen zu können, wird ein Bohrrohrenddurchmesser von 200 mm NW notwendig, der den Einbau eines Filters mit einem Durchmesser von 150 mm NW gestattet. Am vorteilhaftesten dürften schmiedeeiserne Schlitzfilter mit 1—2 mm Schlitzbreite benutzt werden. Bei feinkörnigen Grundwasserleitern sind zusätzlich entsprechende Filtergazen zu verwenden. Bei Kurzpumpversuchen sind auf keinen Fall Kiesschüttungen anzuwenden, da die natürlichen Verhältnisse in Form von vergleichbaren Werten über ein bestimmtes Gebiet gewonnen werden sollen. In dieser Hinsicht ist es auch notwendig, in einem einheitlichen Untersuchungsgebiet gleiche Filterlängen zu benutzen (Längen zwischen 4—6 m sind zu bevorzugen).

Bei der Untersuchung von Grundwasserleitern, die sehr uneinheitlich ausgebildet und nur lokal ergiebig sind, wird eine eintägige Pumpdauer bzw. ein Kurzpumpversuch zur Ermittlung exakter Brunnenleistungswerte selten ausreichen, zumal in derartigen Gebieten wenig Vergleiche zwischen mehreren Tastbohrungen und deren Pumpversuchsergebnissen angestellt werden können und die Bestimmung des unterirdischen Einzugsgebietes schwierig sein dürfte. Daher wird es in den genannten Fällen notwendig, Dauerpumpversuche zur Ermittlung der bleibenden Brunnenleistungen durchzuführen.

Für eine Vorplanung dürften Pumpzeiten bis zu 100 Stunden meistenteils ausreichend sein.

Für die Projektierung kann eine längere Pumpdauer über mehrere Wochen und in verschiedenen Jahreszeiten notwendig werden (Versuchsbrunnenbetrieb mit Kiesschüttungen und eingebauten Pegeln, letztere zur Messung des Filtereintrittswiderstandes).

Eine zweite Art von Dauerpumpversuchen ist zur Bestimmung des Durchlässigkeitsbeiwertes k_f anzuwenden. Zur Versuchsanordnung gehören neben einem Versuchsbrunnen (evtl. mit Kiesschüttung und Pegel zur Überwachung des Filtereintrittswiderstandes) zwei Grundwasserpegel (Versuchsanordnung und Berechnung nach dem Epsilon-Verfahren von G. THIEM), die in der Grundwasserfließrichtung vor dem Versuchsbrunnen anzuordnen sind. Die Filter aller drei Meßpunkte sind in der gleichen grundwasserleitenden Schicht einzubauen. Falls die Grundwasserfließrichtung vollständig unbekannt ist, bzw. schwer eingeschätzt werden kann, muß sie mit Hilfe eines Hydrologischen Dreiecks bestimmt werden.

Zu diesem Zweck sind drei Pegelbohrungen in Form eines etwa gleichseitigen Dreiecks niederzubringen (günstigste Seitenlänge etwa 100 m). Das Nivellement der Pegelrohroberkanten des Hydrologischen Dreiecks und das Einmessen der Wasserstände müssen in den meisten Fällen sofort nach Beendigung der Einbauarbeiten vom Objektbearbeiter selbst durchgeführt werden, damit die Fließrichtung des Grundwassers unmittelbar im Gelände konstruiert und dem Bohrmeister die für den Durchlässigkeitsversuch notwendigen Pegel- und Versuchsbrunnenansatzpunkte angegeben werden können. Es ist darauf zu achten, daß ein Pegel des Hydrologischen Dreiecks gleichzeitig bei der Anordnung des Durchlässigkeitsversuches verwendet wird.

Der dem Versuchsbrunnen am nächsten gelegene Pegel ist mit einem Abstand von mindestens 7 m anzuordnen; der Abstand vom ersten zum zweiten Pegel sollte zweckmäßigerweise 5—10 m betragen. Im übrigen sind die genannten Entfernungen von den vorgefundenen Korngrößen und von den geplanten Absenkungen im Versuchsbrunnen abhängig.

Die Bestimmung des Durchlässigkeitsbeiwertes k_f durch die genannte Versuchsanordnung kann nur dort sinnvoll und erfolgreich angewandt werden, wo ein geringes Grundwassergefälle vorhanden und der Grundwasserleiter auf größere Erstreckung einheitlich aufgebaut ist, wobei besonders in der Vertikalen kein schneller und intensiver Körnungswechsel vorliegen darf. Die Bestimmung des Durchlässigkeitsbeiwertes ist innerhalb eines Objektes erst gegen Abschluß desselben durchzuführen. Zu diesem Zeitpunkt ist bereits eine gewisse Kenntnis des Untersuchungsgebietes vorhanden, so daß eine gute Auswahl der Ansatzpunkte für Durchlässigkeitsuntersuchungen gesichert ist. Das ist insofern notwendig, als die Durchlässigkeitsbeiwertbestimmung mittels Versuchsbrunnen eine relativ kostspielige Methode darstellt. Sie sollte nur bei größeren Untersuchungsobjekten und in beschränkter Anzahl Anwendung finden.

Im folgenden soll noch kurz auf die über Tage notwendige Versuchsanordnung und Überwachung bei Pumpversuchen eingegangen werden. Prinzipiell ist anzustreben, Kreiselpumpen zur Förderung des Grundwassers zu verwenden. Weiterhin ist anzustreben, die Wassermengenmessungen mit einem Meßkasten mit Rechtecküberfall (sogenanntes Poncelet-Überfallwehr) durchzuführen. Je nach den beabsichtigten Fördermengen sind verschiedene Meßkastengrößen anzuwenden. Bei den meist üblichen Fördermengen bis ca. 20 l/s genügt eine Überfallbreite von 20 cm. Die Messung erfolgt mittels Zollstock. Bei der Aufstellung des Meßkastens ist besonders auf die horizontale Einstellung des Meßkastenbodens oder der zwischen der Überfallwehr-Unterkante und der Meßpunktspitze gedachten Geraden zu achten. Wasseruhren sollten niemals allein, sondern nur als Kontrolle angesetzt werden. Für eine weitere und einfach durchzuführende Kontrolle eignen sich außerdem größere Gefäße, wobei die Wassermenge an Hand der Gefäßgröße und Füllzeit errechnet werden kann.

Von ausschlaggebender Bedeutung für das Erlangen wahrer Pumpversuchsergebnisse ist ein den Pumpversuch nicht beeinflussendes Ableiten des geförderten Wassers. Am sichersten ist die direkte Einleitung des Wassers in einen bereits vorhandenen Vorfluter. Dieser Faktor ist schon beim Ansatz der Tastbohrung mit zu berücksichtigen. Oft wird es jedoch notwendig werden, große Strecken durch eine geschlossene Leitung zu überbrücken, um ein vorzeitiges Versickern des geförderten Wassers und somit ein Zurückfließen zum Versuchsbrunnen zu verhindern. In solchen Fällen ist die geologische Beschaffenheit der obersten Bodenschichten genauestens zu beachten und die Dauer des Pumpversuches zu berücksichtigen.

Neben der Wassermengenmessung sind unmittelbar hintereinander folgend die Wasserspiegelstände im Versuchsbrunnen und in den gegebenenfalls vorhandenen Pegeln einzumessen. Sind mehr als 5 Meßpunkte (Wassermengenmessung, Versuchsbrunnen, Pegel in der Kiesschüttung des Versuchsbrunnens und zwei sonstige Grundwasserpegel) vorhanden, die ständig zu messen sind, dann muß die Messung von zwei Personen durchgeführt werden. Am zweckmäßigsten erfolgt die Wasserspiegelmessung mit der allgemein üblichen Brunnenpfeife, in engen Pegelrohren und bei besonders lautstarken Pumpen jedoch besser mit einem Meßsenkel, das genau wie die Brunnenpfeife an einem Stahlbandmaß befestigt ist. Voll- oder halbautomatisch arbeitende Meßgeräte können ebenfalls verwendet werden, wenn die Genauigkeit genügend und eine Arbeitsersparnis vorhanden ist.

Kurz vor Beginn des Pumpversuches, der ohne Unterbrechung einschließlich der Entsandung durchzuführen ist, sind die Ruhewasserspiegelstände an allen Meßpunkten einzumessen. Die erste Messung nach Beginn des Pumpversuches sollte 5 Minuten, die 2. Messung 15 Minuten und die 3. Messung 30 Minuten nach Pumpbeginn durchgeführt werden. Danach ist innerhalb der ersten 8 Stunden nach Beginn des Pumpversuches im Abstand von 30 Minuten je eine weitere Messung durchzuführen. Erst nach Ablauf von 8 Stunden können Meßabstände von einer bis mehreren Stunden gewählt werden (gestaffelt).

Nach Beendigung des Pumpversuches ist der Wiederanstieg des Wasserspiegels an allen Meßstellen zu registrieren, und zwar sind diese Messungen 5, 15 und 30 Minuten nach dem Abstellen der Pumpe durchzuführen. In besonderen Fällen kann der Wiederanstieg des Wasserspiegels auch länger beobachtet werden.

3. Entnahme von Wasserproben

Das Grundwasser ist vollanalytisch chemisch zu untersuchen. Für eine Untersuchung werden zwei vollgefüllte Ein-Liter-Probeflaschen sowie eine 200 ccm große Flasche für den Marmorversuch nach HEYER benötigt. Bei Kurzpumpversuchen genügt die Entnahme einer einzigen Wasserprobe kurz vor Beendigung des Pumpversuches. Bei Dauerpumpversuchen können je nach Notwendigkeit und hydrochemischer Situation mehrere Proben entnommen werden, die meistenteils jedoch nicht mehr vollanalytisch zu untersuchen sind. Neben der vorschriftsmäßigen Entnahme der Wasserprobe ist unmittelbar am Ort der Entnahme die Temperatur des Wassers und der Luft sowie der p_H-Wert, der Geruch, der Geschmack und das Aussehen des Wassers zu überprüfen und schriftlich festzuhalten. Entnommene Wasserproben sind auf kürzestem Wege dem Labor zu übergeben.

4. Beobachtung und Einmessung der Grundwasseroberfläche oder Grundwasserdruckfläche

Jede Tastbohrung, die den zu beobachtenden Grundwasserleiter erbohrt hat, ist mit einem Grundwasserpegel zu besetzen.

Zum Bau von Grundwasserpegeln verwendet man am zweckmäßigsten Stahlrohre mit 2″ ∅, die oben durch einen funktionsfähigen Spezialverschluß zu sichern sind. Am unteren Ende des Pegels befindet sich ein Filterstutzen von 1 m Länge, der die hydraulische Verbindung zwischen dem Innenraum des Grundwasserpegels und dem Porenraum des Grundwasserleiters herstellt. Er ist daher in eine gut durchlässige Schicht im oberen Teil des Grundwasserleiters einzubauen. Bereits beim Einbau des Filters für den Kurzpumpversuch ist darauf zu achten, daß nach dem Ausbau dieses Filters der Einbau des Pegelfilters ohne erneutes Aufbohren des Bohrloches möglich ist. Beim Einbau von zwei Pegeln in einem Tastbohrloch läßt man den im oberen Grundwasserstockwerk eingebauten Pegel am weitesten aus der Erde herausragen. Die über der Erdoberfläche befindlichen Pegelrohrenden sollten zwischen 30—70 cm lang sein. Der fertige Grundwasserpegel ist, soweit möglich, mittels Handpumpe kurze Zeit abzupumpen.

Die Grundwasserpegel sind nicht unbedingt regelmäßig über das Untersuchungsgebiet zu verteilen. Beim Ansatz von Grundwasserpegeln ist vielmehr darauf zu achten, daß in der Endauswertung ein lückenloser Grundwasser-Isohypsenplan entwickelt werden kann.

Um die hydraulische Verbindung zum Oberflächenwasser zu erkennen, sind zum Teil auch provisorische Oberflächenwasserpegel zu setzen und bereits bestehende zusätzlich in das Beobachtungsnetz einzubeziehen.

Nach Abschluß der Bohrarbeiten innerhalb eines Untersuchungsgebietes oder eines hydrogeologisch gesondert wirkenden Teilgebietes ist eine sogenannte Stichtagsmessung aller im Untersuchungsgebiet gesetzten und zusätzlich ausgewählten Grundwasserpegel durchzuführen. Unter zusätzlich ausgewählten Grundwasserpegeln sind bereits bestehende Grundwasserpegel, Feuerlöschbrunnen und andere mit geringer Förderleistung belastete Grundwasserentnahmestellen zu verstehen. Derartige Grundwassermeßstellen können jedoch nur dann Verwendung finden, wenn genau bekannt ist, daß deren Filter in dem zu messenden Grundwasserleiter eingebaut wurden und eine hydraulisch wirksame Verbindung zum Grundwasserleiter noch besteht. Feuerlöschbrunnen können fast immer bedenkenlos als Grundwasserpegel benutzt werden, während bei Kessel- bzw. Schachtbrunnen Vorsicht am Platze ist. Die Stichtagsmessung sollte möglichst schnell durchgeführt werden. Ein etwa 100 km² großes Gebiet ist innerhalb von ein bis zwei Tagen zu messen.

Um die gemessenen Wasserspiegelstände miteinander vergleichen und Grundwasserisohypsen konstruieren zu können, ist eine nivellitische Einmessung der Meßpunktoberkanten bzw. der Pegelnullpunkte notwendig. Als Bezugsniveau ist Normal-Null zu verwenden.

(In einem der nächsten Hefte wird „Die Auswertung von komplexen hydrogeologischen Untersuchungen und die Darstellung der Ergebnisse“ bekanntgegeben.)

Geologische und petrographische Untersuchungen des Tertiärquarzits von Morl

ROLF HAAGE, Halle

Allgemeine geologische Verhältnisse

Innerhalb der sog. Halleschen Mulde treten die Halleschen Porphyre des Unterrotliegenden auf. Während der Kreide- und Tertiärformation unterlagen diese Porphyre einer tiefgründigen Kaolinisierung. Die Zersetzungsprodukte der Kaolinisierung wurden teilweise aufbereitet. Das dabei entstandene Ergebnis der Aufbereitung sind umgelagerte Kaoline, Sande und Schluffe. Während des Tertiärs wurden Partien und Lagen der Sande und Schluffe zu Tertiärquarziten eingekieselt.

Das Gebiet nordwestlich von Halle zeichnet sich durch Quarzporphyre und die an sie gebundenen zahlreichen Kaolin- und Tertiärquarzitvorkommen aus. Bei Dölau, Sennewitz, Schiepzig, Trotha und Morl liegen einige dieser Tertiärquarzitfundpunkte.

Aufgabenstellung

Der Tertiärquarzit hat als Rohstoff für feuerfeste Produkte wirtschaftliche Bedeutung. Im Rahmen der Erkundung von Tertiärquarzitlagerstätten wurde die stillgelegte Kaolingrube „Kurt Wabbel“, 2 km westlich von Morl, untersucht. Die Erkundung wurde von der Staatlichen Geologischen Kommission, Geologischer Dienst Halle, in den Jahren 1957/1958 durchgeführt. Die spezielle Untersuchung des Tertiärquarzits von Morl ist auf folgendes Ziel gerichtet:

1. Feststellung der Lagerungsverhältnisse, Petrographie des Tertiärquarzits und Klärung seiner Genese.
2. Beurteilung der Qualität des Tertiärquarzits im Hinblick auf seine technische Verwendung.

Abb. 1. Kaolingrube Morl mit deutlich abhebender Tertiärquarzitbank

Abb. 2. Im südlichen Teil der Kaolingrube Morl auskeilende und in einzelne Blöcke zerfallende Tertiärquarzitbank

Spezielle geologische Verhältnisse

Zur Klärung der geologischen Verhältnisse im Bereich des Grubengeländes der Kaolingrube Morl wurden Bohrungen niedergebracht. Sie erschlossen das folgende Profil:

Mächtigkeit	Formation	Gestein
0,3—1,8 m	Holozän	Schwarzerde
0,7—5,7 m	Pleistozän	Geschiebemergel
0 —0,9 m	Eozän	Schluffe und Sande
0 —0,8 m	Eozän	Braunkohle
0 —0,7 m	Eozän	Tertiärquarzit
		Kaolin
		Porphyrgrus.

Dieses Profil fügt sich in das allgemeine Tertiärprofil des Raumes nordwestlich von Halle ein.

Abb. 3. Wulstig-traubige Ausbildung der Oberfläche der Tertiärquarzitbank

Beschreibung der Tertiärquarzitbank

Die über dem Kaolin liegende, ca. 300 m sich in N—S-Richtung erstreckende und ca. 20—30 m breite Tertiärquarzitbank war die Ursache für die Stillegung der Kaolingrube. Die seitliche Begrenzung dieser Bank ist nur im südlichen Teil der Grube aufgeschlossen. Hier zerfällt die geschlossene Bank in einzelne Blöcke und keilt aus. Die Begrenzungsflächen im Hangenden und Liegenden der Bank heben sich deutlich ab (Abb. 1, 2). Die unmittelbar hangenden und liegenden Sedimente der Tertiärquarzitbank sind Sande und Schluffe verschiedener Körnung.

Die Korngrößenverteilung der liegenden Sande beträgt nach den bisherigen Feststellungen: Su 25,7%, FS 11,8%, MS 24,2%, GS 37,2%, FKi 0,9%.

Durchschnittlich kann eine Bankmächtigkeit von 1 m angenommen werden. Im einzelnen treten starke Mächtigkeitsschwankungen auf, so z. B. von 0,45 bis 0,60 m in einem horizontalen Bereich von 0,60 m. An Stellen größerer Mächtigkeit kann die Bank durch ein 0,2—0,4 m mächtiges, eisenoxydhaltiges, sandiges Zwischenmittel in eine etwa 0,5 m hangende und eine etwa 0,3 m liegende Partie gegliedert sein. Die liegende Partie kann plötzlich mit wulstigen Enden aussetzen, ohne sich mit der hangenden Partie zu vereinigen. Die Korngrößenverteilung des zwischengeschalteten Sandes beträgt nach den durchgeführten Untersuchungen: Su 15,4 bzw. 25,8%, FS 8,3 bzw. 16,0%, MS 25,1 bzw. 25,4%, GS 50,5 bzw. 31,9%, FKi 0,6 bzw. 0,8%.

Die Tertiärquarzitbank ist nicht durchgehend eingekieselt. Vereinzelt sind in ihr mit eisenoxydhaltigem Sand gefüllte, flache Hohlräume zu beobachten, welche einen Durchmesser bis zu 0,20 m erreichen. Die Oberfläche der Bank ist wulstig und traubig ausgebildet (Abb. 3). Die Unterfläche ist oft warzenförmig, aber auch wulstig. Andeutungen zapfenartiger Bildungen sind relativ selten. Die Tertiärquarzitbank wird von senkrechten Klüften durchsetzt. Die senkrechten Klüfte sind teilweise lackartig von Kieselsäure überzogen.

Makroskopische Beschreibung des Tertiärquarzits

Der Tertiärquarzit von Morl besteht im wesentlichen aus einsprenglingsartigen und grundmasseartigen Quarzkörnern in wechselnden Verhältnissen.

Die Farbe des Gesteins ist weißgrau. Vereinzelt in den oberen Teilen der Gesteinsbank auftretende Einlagerungen kohliger Substanz färben das Gestein schwadenartig bis fleckig fahlbraun oder durchgehend fleckig dunkelbraun. Nicht völlig eingekieselte Gesteine sind durch eingedrungenes Eisenoxyd rostrot bis rotbraun gefärbt.

Die Festigkeit des Tertiärquarzits liegt allgemein sehr hoch. Nur die wenigen, nicht völlig eingekieselten Gesteinspartien verwittern und zerbrechen leicht. Der Bruch ist muschelig bis unregelmäßig stückig.

Entsprechend der hohen Festigkeit und des spröden Verhaltens der völlig eingekieselten Gesteinspartien tritt lediglich eine oberflächliche Anwitterung auf. Auflockerungen des Gefüges erfolgen durch oberflächlich eindringende, teilweise eisenoxydhaltige Wässer. Die in durch kohlige Substanz braun gefärbte Tertiärquarzite eindringenden, sauerstoffreichen Wässer zerstören die organische Substanz, geben dem Gestein eine weißgraue Farbe und bilden rhythmische Fällungsringe.

Organischer Herkunft sind die vereinzelt auftretenden, relativ starken Wurzelröhren.

Mikroskopische Beschreibung des Tertiärquarzits

Der Tertiärquarzit von Morl besteht aus den Hauptbestandteilen einsprenglingsartiger Quarz und grundmasseartiger Quarz sowie den Nebenbestandteilen Tonsubstanz, Brauneisen und kohlige Substanz und den akzessorischen Schwermineralen. Die einsprenglingsartigen Quarze und ein Teil der grundmasseartigen Quarze sind als ursprüngliche Sand- bzw. Schluffanteile zu werten, welche in Schichten wechselnd oder miteinander vermischt zu Tertiärquarziten einkieselten.

Einsprenglingsartiger Quarz

Die Korngröße der Quarze liegt zwischen 200 und 1300 μ. Maximale Werte liegen bei 2850 μ. Es bestehen alle Übergänge vom eckigen zum gerundeten Quarzkorn; vereinzelt sind Körner mit teilweiser oder angedeuteter kristallographischer Begrenzung oder langgestreckter Form zu finden. Die Kanten der eckigen Quarzkörner sind abgerundet. Ausgangsgestein der Quarzkörner ist der kaolinisierte und aufgearbeitete Porphyr. Die eckigen und langgestreckten Formen zeigen, daß der Sand nicht weit transportiert worden sein kann. Vielleicht ist die Abrundung z. T. auf Lösungserscheinungen nach der Ablagerung oder während des Transports zurückzuführen. Abrundungen können auch bereits primär durch magmatische Korrosion entstanden sein.

Als vereinzelte Mineraleinschlüsse im Quarzkorn treten Apatitnadeln auf. Die Flüssigkeitseinschlüsse weisen selten Libellen auf und besitzen kristallographische Begrenzungen in z. T. orientierter Anordnung. Andere Einschlüsse haben ovale Formen oder sind unregelmäßig schlauchartig ausgebildet. Die schlauchartigen Einschlüsse sind meist kleiner als die kristallographisch begrenzten und bilden oft bandförmige Anordnungen.

Die einsprenglingsartigen Quarzkörner waren seit der magmatischen Korrosion und der Kaolinisierung des Ursprungsgesteins verschiedenen Veränderungen unterworfen. Es kann nicht geklärt werden, ob diese gerundeten Quarze als Kieselsäurelieferanten anzusehen sind. Die Intensität der Kieselsäurelösung kann nicht abgeschätzt werden, da Quarzkörner unterschiedlicher Korrosionserscheinungen vorliegen, aber im wesentlichen nur ein Ausgangsgestein, nämlich der naheliegende anstehende Porphyr, angenommen werden muß.

Ein späterer, sehr untergeordneter Vorgang ist die Bildung orientierten Zements. Die einsprenglingsartigen Quarzkörner versuchen, durch ein Weiterwachsen Kristallflächen auszubilden. v. FREYBERG (1926) nimmt an, daß allgemein der orientierte Zement in einem Sedimentgestein, welches später verwitterte, ausgebildet wurde. Im vorliegenden Falle existiert aber für den einsprenglingsartigen Quarz kein Zwischenstadium eines wieder verwitterten Sedimentgesteins, so daß die Ausbildung des orientierten Zements im später eingekieselten Sediment möglich ist.

Die einsprenglingsartigen Quarzkörner wurden neben der Kantenabrundung innerhalb des unverfestigten Sediments noch weiter beansprucht. Die Begrenzungen der Körner sind in ihren oberen Partien napf- oder narbenartig angelöst. In ihren unteren Partien ist die Begrenzungsfläche auffallend eben. Am oberen Teil des Kornes sind an der napfartigen Oberfläche kleine, grundmasseartige Quarzkörner angelagert, welche durch Anbau von Quarz mit dem Korn fest verbacken sind (Abb. 4, 5). An der unteren Grenze ist, durch das Korn geschützt, eine Anreicherung toniger Substanz mit

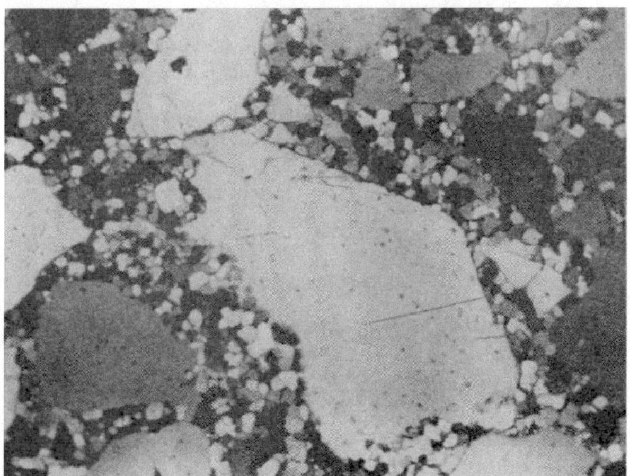

Abb. 4. u. 5. Grundmasseartige Quarzkörner werden durch Anbau von Quarz mit den einsprenglingsartigen Quarzkörnern fest verbacken

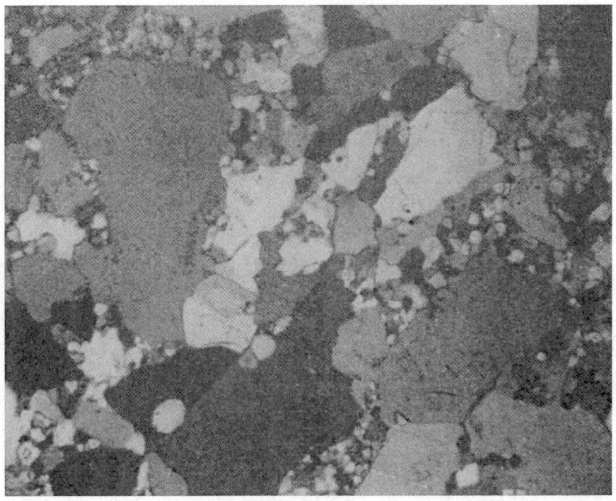

Abb. 6. Kontaktbindung der einsprenglingsartigen Quarzkörner

grundmasseartigen Quarzkörnern vorhanden. Besonders günstig für die Erhaltung dieses Reliktmaterials sind kleine Einbuchtungen und Risse im einsprenglingsartigen Quarz. Es werden tonlösende und kieselsäurelösende Vorgänge angezeigt, die miteinander verbunden sein können. Die Korrosion des Quarzes setzte wahrscheinlich am selten ausgebildeten orientierten Zement an. Die Lösungsvorgänge waren von oben nach unten gerichtet, wie die napfartige Kornanlösung, die Tonreste und der an der Untergrenze von Quarzkörnern erhaltene orientierte Zement zeigen. Das Sediment wurde nahezu tonfrei.

Gleichzeitig mit dem Anwachsen von grundmasseartigen Quarzkörnchen an den oberen Korngrenzen einsprenglingsartiger Quarzkörner wurden ebenfalls kleine, grundmasseartige Quarzkörner durch verkittenden Quarz zu Pseudoeinsprenglingen verbacken. Diese können die Größe von einsprenglingsartigen Quarzen erreichen.

Vereinzelt treten Partien von einsprenglingsartigen Quarzkörnern mit Kontaktbindung auf. Der orientierte Zement kann nicht erkannt werden, da die für ihn typischen Tonhäutchen fehlen. Auf Grund dessen ist zu folgern, daß das Auswaschen des Sandes abgeschlossen war. Einzelne zwischengeschaltete, grundmasseartige Quarzkörnchen zeigen granoblastischen Charakter. Damit wird gezeigt, daß ein geringer Teil der grundmasseartigen Quarzkörner neu gebildet wurde.

Grundmasseartiger Quarz

Der grundmasseartige Quarz ist teilweise als Bestandteil eines ursprünglichen Schluffes aufzufassen, z. T. stellt er einen echten granoblastischen Zement dar. Diese Tatsache bedingt die Ausbildung verschiedener Grundmassetypen.

a) Vorherrschend ist der grobgranulöse Grundtyp. Dieser Typ wird durch ein polyedrisches, nicht verzahntes Pflaster von Quarzkörnern charakterisiert. Im wesentlichen besteht zwischen den Quarzkörnern Kontaktbindung. Nur vereinzelt bleiben Zwickel erhalten, die mit Tonsubstanz ausgefüllt sind. Die maximale Korngröße der Quarze beträgt ungefähr 100µ.

b) Vereinzelt tritt Kontaktbindung der einsprenglingsartigen Quarze mit dazwischengeschalteten, meist granoblastischen Quarzkörnern auf (Abb. 6).

c) Relikte von Tonsubstanz mit granulösen, grundmasseartigen Quarzkörnern blieben an der unteren Grenze einsprenglingsartiger Quarzkörner erhalten (Abb. 7).

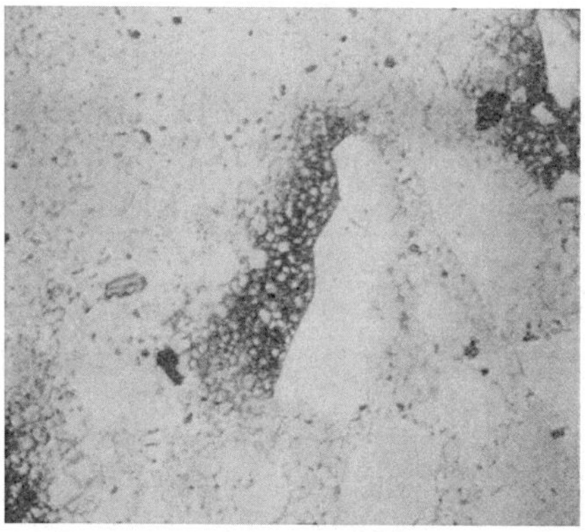

Abb. 7. Tonsubstanzrelikte bleiben an den einsprenglingsartigen Quarzkörnern angelagert erhalten

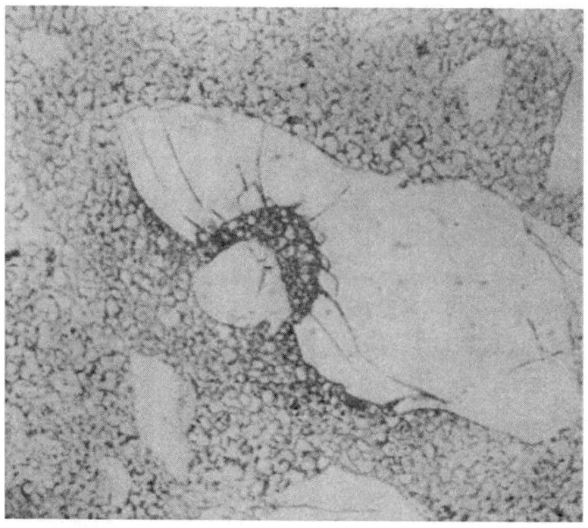

Abb. 8. Bei zwischengelagerter Tonsubstanz ist eine Kontaktbindung nur unvollständig

d) Zwischen grundmasseartigen Quarzkörnern liegt Tonsubstanz, die teilweise mit Eisenoxyd vermengt ist. Es kann auch kohlige Substanz eingelagert sein. Die Körnchen befinden sich teilweise in Kontaktbindung. Die Tonsubstanz behindert die Ausbildung eines vollständigen polyedrischen Pflasters (Abb. 8).

e) Die grundmasseartigen Quarzkörner liegen in einer schmale Säume bildenden, feingranulösen bis nahezu dichten, neugebildeten Quarzzwischenmasse eingebettet. Die Tonsubstanz tritt zurück.

f) Einzelne Grundmassepartien werden durch miteinander verzahnte Quarzkörner gebildet. Die jeweilige Korngröße beträgt ca. 35 μ.

Die feinen Schluff- und Sandkörner des allgemeinen Grundmassetyps wurden bei der Einkieselung durch orientiertes Anwachsen miteinander verbunden. Da die markierende Tonsubstanz fehlt, ist die Größe der Anwuchssäume nicht zu erkennen. Flüssigkeitseinschlüsse zeigen die magmatische Herkunft einzelner Körner an. Da aber diese Einschlüsse nur vereinzelt auftreten, kann für den Großteil der einzelnen Körner keine eindeutige Aussage gemacht werden. Es ist anzunehmen, daß auch zwischen die einsprenglingsartigen Körner des Grundtyps granoblastische Körner eingeschaltet sind. Diese sind frei von Mineraleinschlüssen. Neben der unter einsprenglingsartigen Quarzkörnern und als Zwickelfüllung auftretenden Tonsubstanz liegen in einzelnen Gesteinspartien Anreicherungen von Tonschwaden.

Akzessorien

Akzessorien sind Zirkon, Anatas und Rutil. Der Zirkon ist kurz- bis langprismatisch. Seltener sind rundliche Körner und lange Nadeln. Kerne treten vereinzelt auf. Der Anatas ist tafelig ausgebildet, zeigt metallischen Glanz und hat stark grünlich-bläuliche Farben. Er ist optisch ein- und zweiachsig. Der Rutil kann knieförmige Zwillinge nach (101) ausbilden. In der Häufigkeit steht Zirkon an erster, Anatas an zweiter Stelle.

Einteilung des Tertiärquarzits in Gesteinstypen

Der Tertiärquarzit von Morl ist in 4 Gesteinstypen zu gliedern. Die Einteilung in die Typen 1 bis 3 beruht auf dem wechselnden Sand-Schluffverhältnis. Die Trennung der Typen 1 bis 3 vom Typ 4 beruht auf dem unterschiedlichen Grad der Einkieselung.

Typ 1

Die einsprenglingsartigen Quarzkörner herrschen stark vor (Abb. 9). Zementartige Quarzkörner treten zurück. Das Gestein des Typs 1 zeigt scharfe Begrenzungen gegenüber dem gering eingekieselten Gestein des Typs 4 (Abb. 10). Das Gestein ist ein eingekieselter Sand mit geringem Schluffanteil.

Typ 2

Die reine Ausbildung der zementartigen Quarzkörner ist für das Gestein des Typs 2 bezeichnend. Einsprenglingsartige Quarzkörner sind entweder nicht vorhanden oder treten nur ganz vereinzelt auf.

Das Gestein ist ein eingekieselter Schluff mit fehlendem oder sehr geringem Sandanteil. In Abb. 9 sind die wechselnden Sand-Schlufflagen in ihrer typischen Ausbildung erkennbar.

Typ 3

Das Gestein dieses vorherrschenden Gesteinstyps zeichnet sich durch wechselnde Gehalte von einsprenglingsartigen und zementartigen Quarzkörnern aus (Abb. 11). Es bestehen Übergänge zum Typ 1 und 2.

Das Gestein ist ein eingekieseltes Sand-Schluffgemisch mit den Endgliedern des eingekieselten, nahezu reinen Sandes vom Typ 1 und des eingekieselten Schluffes vom Typ 2.

Typ 4

Das Gestein ist nicht durchgehend eingekieselt; es ist dadurch mürbe und hat körnigen Bruch. Es gleicht dem Gestein des Typs 1 und tritt oft im Hangenden der Tertiärquarzitbank auf (Abb. 10). An der Gesteinsbegrenzung zum hangenden, nicht eingekieselten Sand befinden sich stets angebackene Quarzkörner. Dieser Typ ist nach v. FREYBERG (1926) als körniger Tertiärquarzit zu bezeichnen.

Tonschwaden und kohlige Substanz liegen vereinzelt in Gesteinen der Typen 2 und 3. Bei Entfernung der kohligen Substanz sind die braungefärbten Gesteine nicht von den weißgrauen Tertiärquarziten zu unterscheiden. Deshalb wird auf die Ausscheidung eines neuen Gesteinstyps verzichtet.

Ursprünglich vorliegendes, eingekieseltes Material

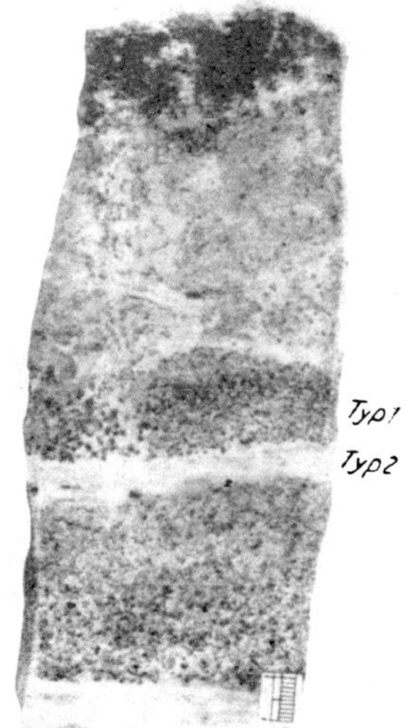

Abb. 9. Profil einer Tertiärquarzitbank. Wechselnde, eingekieselte Sand-Schlufflagen vom Typ 1 und 2. Im oberen Teil der Bank ist kohlige Substanz eingelagert

Die im Tertiärquarzit von Morl eingekieselten Sande und Schluffe entsprechen den Sedimenten im Liegenden der Tertiärquarzitbank. Es treten wechselnde Lagen gut sortierter Sande und Schluffe und Schluffsandgemische auf. Die Sedimente entsprechen den Typen 1, 2 und 3. Die scharfe Trennung von Lagen verschiedener Korngrößen ist im eingekieselten und nicht eingekieselten Sediment auffällig. Durch die Beobachtung nicht eingekieselter, sandiger Schluffe werden die grundmasseartigen Quarzkörner als im wesentlichen ursprünglicher, sandiger Schluffanteil erklärt und nicht als neugebildeter, also granoblastischer Zement.

Zeitliche Gliederung der den Tertiärquarzit von Morl bildenden Vorgänge im Sediment

Die nachfolgenden Vorgänge können in der angegebenen Reihenfolge beobachtet werden:

A. Lösung von Ton und Kieselsäure

Es ist nicht feststellbar, ob orientierter Zement vor der Sedimentation oder im Sediment gebildet und gelöst wurde. Die Korrosion der Quarzkörner erfolgt an der oberen Begrenzung. Die Tonsubstanz an der unteren Begrenzung der Quarzkörner ist geschützt.

B. Einwirkung oxydierender Wässer

Die organische Substanz wird zerstört. Rhythmische Fällungsringe von Eisenoxyd werden gebildet.

C. Einkieselungsvorgang

a) Einzelne, einsprenglingsartige Quarzkörner bilden Kontaktbindungen aus.

b) Grundmasseartige Quarzkörner werden an der oberen Begrenzung von einsprenglingsartigen Quarzkörnern angebacken. Grundmasseartige Quarzkörner werden durch Quarz zu Pseudoeinsprenglingen verbacken.

c) Grundmasseartige Quarzkörner bilden Kontaktbindung. Granoblastische Quarzkörner werden gebildet.

D. Schrumpfungsvorgänge

Vertikale Klüfte, die sich nach der Bankmitte oft erweitern, treten zahlreich auf. Kieselsäure bildet vereinzelt lackartige Überzüge auf Klüften.

Herkunft der Kieselsäure

Im Tertiärquarzit von Morl werden Erscheinungen beobachtet, die auf einen Kieselsäurelösungsvorgang hinweisen. Es ist anzunehmen, daß diese Kieselsäure mit zur Einkieselung der Sande und Schluffe führte. Ein weiterer Kieselsäurelieferant dürfte der im Hangenden der Tertiärquarzitbank liegende Sand sein, der Lösungsvorgängen unterworfen war. Die lackartigen Kieselsäurebeschläge zeigen, daß Kieselsäure, wenigstens nach Verfestigung des Tertiärquarzits, aus dem Hangenden zugeführt wurde.

Bemerkungen zur Genese des Tertiärquarzits von Morl

Die Ergebnisse der petrographischen und geologischen Untersuchungen des Tertiärquarzits von Morl stimmen mit der von v. FREYBERG (1926) und HOHL (1957) vertretenen Theorie der Bildung der Tertiärquarzite überein.

Typisch für die Tertiärquarzitlagerstätte von Morl ist die wannenartige Geländeform mit liegenden Kaolinen, in denen Grundwässer stagnieren.

Die Sedimentlagen wurden entsprechend der Korngrößen vom Grundwasser durchtränkt, was die mehr oder weniger feste Einkieselung der Tertiärquarzite mitbedingt. Dabei wurden vorwiegend die Schluff- und feineren Sandpartien eingekieselt.

Durch quarzlösende Vorgänge wird Kieselsäure in den stagnierenden Grundwässern angereichert. Bei der engen

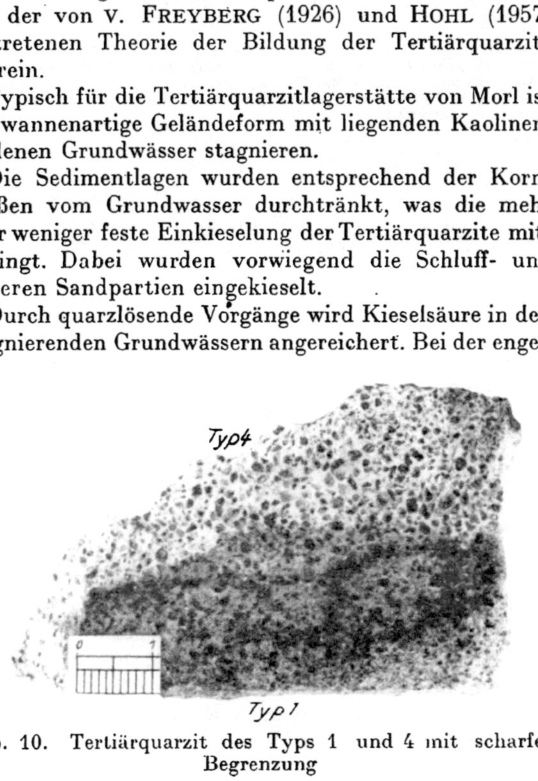

Abb. 10. Tertiärquarzit des Typs 1 und 4 mit scharfer Begrenzung

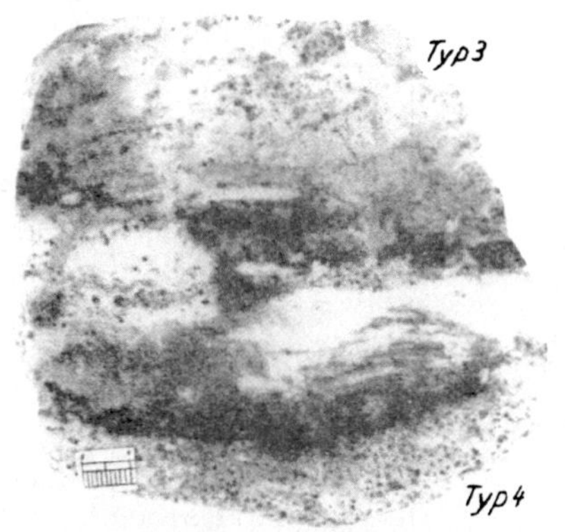

Abb. 11. Tertiärquarzit des vorherrschenden Typs 3

Verbindung mit Braunkohlen führenden Sedimenten besteht die Möglichkeit des Eindringens saurer Wässer, welche im Grundwasser zur Fällung der Kieselsäure führen können. Die durch kohlige Substanz gefärbten Tertiärquarzite zeigen die Verbindung mit kohligen Sedimenten auf.

Bei der Beziehung zu den Braunkohlensedimenten des Eozäns dürfte der Tertiärquarzit gleichen Alters sein.

Chemische und brenntechnische Untersuchungen

Die chemische Analyse des Tertiärquarzits von Morl zeigt die einheitliche chemische Zusammensetzung des Gesteins. Es wurden 5 Proben untersucht und mit Analysen des Tertiärquarzits von Haardorf b. Osterfeld verglichen.

Die chemischen Analysen ergeben folgende Werte:

Analysen-Nr.	Lage	Analytiker
1	Südende der Tertiärquarzitbank Morl	VEB Entwicklungsbüro Grobkeram., Abt. Zentrallabor für feuerfeste Erzeugnisse, Meißen 1956
2	55 m nördlich Probepunkt 1	
3	80 m nördlich Probepunkt 1	
4	Mitte des Grubenstoßes, Morl	
5	Allgemeine Probe, Morl	Labor der Geol. LA Berlin, Prof. UTESCHER 1950
6	Durchschnittsprobe Tertiärquarzit Haardorf	VEB Silikawerk Bad Lausick 1958
7	Aus 8 Analysen zusammengestellte Durchschnittsprobe Tertiärquarzit Haardorf	

	1	2	3	4	5	6	7
SiO_2	98,10	96,60	97,85	97,20	98,38	94,21	96,28
Al_2O_3	0,24	1,10	0,52	0,29	0,39	4,57	2,55
TiO_2	0,22	0,30	0,44	0,54	n. b.	n. b.	n. b.
Fe_2O_3	0,29	0,58	0,29	1,17	0,46	0,48	0,40
CaO	0,14	0,14	0,17	0,14	0,14	0,27	0,22
MgO	0,24	0,24	0,24	0,24	0,03	0,17	0,16
$Na_2O + K_2O$	n. b.	n. b.	n. b.	n. b.	0,18	n. b.	n. b.
Glühverl.	0,30	0,30	0,25	0,50	0,22	0,40	0,37
H_2O-	n. b.	n. b.	n. b.	n. b.	0,06	n. b.	n. b.
Summe:	99,53	99,26	99,76	100,08	99,86	100,10	99,98

Die den Tertiärquarzit charakterisierenden Werte sind SiO_2 und Al_2O_3. Der Vergleich mit den Tertiärquarziten von Haardorf, welche vorwiegend tonhaltigen Basalzement führen, ergibt für Morl einen hohen SiO_2- und niedrigen Al_2O_3-Gehalt.

Die petrographischen Ergebnisse werden durch die chemischen Untersuchungen bestätigt.

Die Gesteinsproben 1—4 und 6 wurden brenntechnisch untersucht.

Die Untersuchungen ergeben folgende Werte:

	1	2	3	4	6
SK	35/36	36/37	36	35/36	–
Wasseraufnahme ungebrannt	0,83	1,24	0,60	0,64	1,32
Wasseraufnahme gebrannt	–	3,36	3,35	3,64	1,32
γ ungebrannt	–	2,66	2,70	2,66	2.64
γ nach 1. Brand	–	2,48	2,51	2,46	–
γ nach 2. Brand		2,48	2,49	2,50	–
γ nach 3. Brand	–	2,38	2,42	2,36	2,52
Verhalten des Gesteins beim Brand	schlacken-artig aufgebläht	fest, Schale lockert sich	fest	fest	–

Die Gesteine waren 3 Bränden unterworfen, die zu einer partiellen Umwandlung des Quarzes in Cristobalit führten. Die Umwandlung wird durch das sinkende spezifische Gewicht angezeigt. Für das Ansteigen des spezifischen Gewichtes nach dem 2. Brand bei Analyse 4 kann keine Erklärung gegeben werden. Porosität und Wasseraufnahme steigen im allgemeinen nach dem Brande an.

Der Tertiärquarzit von Morl ist im allgemeinen als nur zweitklassiger Rohstoff oder als Zuschlagstoff zu technisch wertvollerem Tertiärquarzit zu verwenden. Es treten aber auch unbrauchbare Partien auf (Analyse 1).

Die grundmasseartigen Quarzkörner wandeln sich schwieriger in Cristobalit um als der Basalzement anderer Tertiärquarzittypen. Die Umwandlung wird aber trotzdem bei Analyse 2—4 als zufriedenstellend gewertet.

Die Zunahme der Wasseraufnahme nach dem Brand ist als zufriedenstellend zu bezeichnen.

Die SiO_2-Werte liegen hoch. Al_2O_3 tritt sehr zurück, was einer guten chemischen Zusammensetzung entspricht.

Die Akzessorien treten selten auf. Infolge ihrer Größe dürften sie kaum noch als Mineralisatoren wirken.

Klassifikation des Tertiärquarzits von Morl

Die Bezeichnung „Tertiärquarzit" ist nach HOHL (1957) für tertiäre, eingekieselte Sedimente verschiedener Ausbildung gerechtfertigt. Damit wird eine Trennung der an das Tertiär gebundenen, eingekieselten Sedimente von paläozoischen, petrographisch oft gleichen oder ähnlichen Typen herbeigeführt.

Die Tertiärquarzite gliedern sich nach V. FREYBERG (1926) in:

Zementquarzite
Konglomeratquarzite
Kristalline Quarzite
Körnige Quarzite

Innerhalb der Zementquarzite wird der „Typ Fienstedt" ausgeschieden und wie folgt beschrieben:

„Ein porphyrischer Typus, dem Basalzement fehlt. Große Porphyrrauchquarze liegen in granulösem Zement. Ton fehlt fast ganz. Farbe weiß mit braunen Punkten der Rauchquarze, Bruch rauh."

Von CAYEUX (1929) u. HOHL (1957) wird der Zementquarzit vom „Typ Fienstedt" als körniger Quarzit oder „Typ mit granulösem Zement" bezeichnet.

Der Tertiärquarzit von Morl zeigt im wesentlichen weitgehende Übereinstimmung mit dem Tertiärquarzit von Fienstedt südlich Wettin.

Beim Tertiärquarzit von Morl sind in den Typen 1 und 3 einsprenglingsartige Quarzkörner zwischen grundmasse- oder zementartigen Quarzkörnern eingelagert. Typ 2 besteht aus reinen, grundmasseartigen Quarzschluffpartien. Der für Zementquarzite typische Basalzement fehlt völlig. Die grundmasseartigen Quarzkörner stehen in Kontaktbindung.

Nach den vorliegenden Ergebnissen ist der Tertiärquarzit von Morl im Sinne v. FREYBERGs als kristalliner Quarzit zu bezeichnen. Daneben treten in Morl untergeordnet nicht völlig eingekieselte Partien von körnigem Quarzit an.

Literatur

v. FREYBERG, B.: Die Tertiärquarzite Mitteldeutschlands. — Stuttgart 1926.
HOHL, R.: Zur Entstehung unserer Tertiärquarzitlagerstätten. — Silikattechnik 9/1957 (mit weiteren Literaturangaben).
— Zur Methodik der Erkundung von Tertiärquarziten. — Z. f. angew. Geol. Bd. 3, 10/1957 (mit weiteren Literaturangaben).
LÖFFLER, I.: Bericht über die geologischen und wirtschaftlichen Ergebnisse der in den Jahren 1956/57 durchgeführten Erkundungsarbeiten Quarzit Osterfeld. — Halle 1957 (Manuskript Staatl. Geol. Komm., Geol. Dienst Halle).
— Bericht über die geologischen und wirtschaftlichen Ergebnisse der Erkundungsarbeiten Quarzit Morl. — Halle 1958 (Manuskript Staatl. Geol. Komm., Geol. Dienst Halle).
KRAIS, A. u. PICARD, E.: Blatt Halle Nord: Geologische Karte 1 : 25000 und Erläuterungen.

Zum Einfluß des Kalkgehaltes auf die Korngrößenanalysen mitteldeutscher Löße

RICHARD NEUMANN, Halle/S.

Für das Studium des Klimaablaufes im Pleistozän lassen sich die Löße recht gut verwenden, erlauben sie doch eine Trennung in Kaltzeiten (Lößbildung und Solifluktionsböden) und Warmzeiten (Lößverlehmungen). Von den verschiedenen Untersuchungsmethoden der Löße (Korngrößenverteilung, Mineralgehalt, Farbbestimmung u. a.) besitzt die der Korngrößenverteilung eine erhebliche Bedeutung. Für die Beurteilung der Entstehungsbedingungen, Umlagerungen, Klimaschwankungen (Lößverlehmungen), Entfernung vom Ausblasungsgebiet und für feinstratigraphische Studien ist die Kenntnis der Kornverteilung unerläßlich. Zu dieser Erkenntnis kamen in letzter Zeit wiederum GUENTHER (1954), SCHÖNHALS (1955), BRUNNACKER (1957) u. a.. Die Ermittlung der Kornverteilung der Löße führte in der Literatur zu lebhaften Diskussionen (KÖLBL 1934, FAULER 1936, ZINK 1940, GUENTHER 1954 u. a.). Den Anstoß zu diesen Meinungsverschiedenheiten gaben neben anderem vor allem die verschiedenen Vorbehandlungs- und Aufbereitungsmethoden der Proben für die Schlämmanalyse in Zusammenhang mit dem Kalkgehalt.

Soweit der Löß auf seiner ursprünglichen, sedimentären Lagerstätte vorkommt, besteht er aus einem in lockerer Bindung befindlichen Gemenge von Quarz, Feldspat, Kalk und anderen Silikatresten, welche im wesentlichen die Einzelkörner ausmachen. Diese Einzelkörner bestehen in den groben bis mittleren Fraktionen überwiegend aus Quarz und sind meist gerundet (SCHEIDIG 1934, KUBACH 1945, NEUMANN 1959 u. a.), während in den mittleren bis feinen Fraktionen alle möglichen Begrenzungsformen auftreten. Untergeordnet finden sich noch Schalenreste der Schneckenfauna und verkalkte Wurzelröhren (*Rhizosolenien*). Diese

Einzelkörner sind aber heute vielfach mit dünnen, durch Eisenhydroxyd-Einlagerung braun gefärbten Kalkhäutchen umgeben, die einmal die Farbe der Löße bedingen, zum anderen eine Verkittung der Mineralkörner hervorrufen. Sieht man von der Einlagerung der Wurzelreste, Schalen- und Schalenreste, von Kalkkonkretionen u. a. ab, so besitzt der echte Löß heute eine sogenannte „Krümelstruktur". Es liegt hier keine „Einzelkornstruktur" vor, wie RÖPKE (1927) schreibt, denn bei dieser müßten sich die einzelnen Mineralkörner unmittelbar berühren; zum anderen spricht man von „Einzelkorngefügen" nur bei Böden mit einem Korndurchmesser $>0{,}06$ mm, wo die Sedimentation der Schwerkraft allein gehorchend erfolgt, und die Adhäsion praktisch noch nicht in Erscheinung tritt.

Eine echte Krümelstruktur kommt aber im Boden dadurch zustande, daß infolge Ausflockung durch Kalziumionen die kolloidalen Ton- und Humusteilchen mit gröberen Bodenteilchen (meist Sanden) zu „Krümeln" verkittet werden. Beim Löß erfolgte aber die Verkittung der Mineralkörner allein durch $CaCO_3$. Da der Löß aber heute eine Krümelstruktur besitzt, ihm die kolloidalen Ton- und Humusteilchen aber nahezu fehlen, muß das „Krümelgefüge" mit seinem hohen Porenvolumen von $n = 40-60\%$ (SCHEIDIG 1934) auf eine andere Weise entstanden sein. Das sogenannte Krümelgefüge der echten Löße, die heutigen Kalkhäutchen um die einzelnen Mineralkörner und nicht zuletzt die sehr unterschiedlichen Kalkgehalte in Abhängigkeit von der Zusammensetzung des Ausblasungsgesteins, standörtlichen und regionalklimatischen Unterschieden, lassen darauf schließen, daß der Kalk als ein primärer Bestandteil der Löße anzusehen ist. Der Kalk dürfte genauso in Staubform als $CaCO_3$ vorgelegen haben wie die übrigen Mineralkörner der Löße. In diesem Zustand war das Porenvolumen wesentlich kleiner als bei dem heutigen Korngefüge, wobei berücksichtigt werden muß, daß auf Grund der Gleichkörnigkeit ($U = 3$) der Löße von Natur aus ein größeres Porenvolumen gegeben ist. Wenn auch das Kalziumkarbonat in Wasser nur sehr schwer löslich ist, so ist aber aus den Vorgängen der Verwitterung bekannt, daß die Löslichkeit des kohlensauren Kalkes wesentlich größer ist, wenn das Wasser Kohlensäure enthält. Dadurch wird das praktisch unlösliche Kalziumkarbonat in das leicht lösliche Kalziumbikarbonat übergeführt. Da die Kohlensäure in der Bodenluft und durch die Tätigkeit (Atmung) der Bodenorganismen auch im Bodenwasser immer vorhanden ist, ist die Lösung des Kalziumkarbonats durchaus möglich. Durch die postsedimentäre Auflösung der Kalkkörnchen und die teilweise Ausfällung des Kalkes in Form der Kalkhäutchen um die einzelnen Mineralkörner, die gleichzeitig zu einer Verkittung derselben führte, läßt sich das relativ große Porenvolumen und die Krümelstruktur des Lößes erklären. Dies entspricht auch der Auffassung von KEILHACK (1920), wonach der Kalk im Löß ursprünglich in Körnchenform vorhanden war, aber im Laufe der Zeit der Auflösung verfiel und beim Verdunsten des Lösungsmittels auf den Mineralkörnchen usw. wieder ausgeschieden wurde. Da die spezifische Oberfläche der Korngemische mit der Korngrößenabnahme erheblich zunimmt, ergibt sich durch das Auftreten des Kalkes in Form von Häutchen um die einzelnen Mineralkörner eine gesetzmäßige Beziehung zwischen Kalkgehalt und Korngröße, wie sie von SCHÖNHALS (1952) gefunden wurde.

Die mitteldeutschen Löße haben im allgemeinen einen Kalkgehalt zwischen 8—16% $CaCO_3$, der überwiegend in Form von Kalkhäutchen — wie mikroskopische Beobachtungen zeigen — vorliegt. Ob die Kalkhäutchen um die einzelnen Mineralkörner praktisch einen Einfluß auf die Korngrößenverteilung beim Sedimentationsverfahren haben und wie sich die Aufbereitungsmethoden auf die Kornverteilung auswirken, hat der Verfasser an Hand einiger Lößproben untersucht.

Die Untersuchungen wurden an fünf Lößproben vorgenommen:

1. Löß (Weichseleiszeit), Tagebau Etzdorf, Mitte der Südwand
2. Löß (Saaleeiszeit), Sommerwarven des Bruckdorfer Bändertons (GERLACH'sche Ziegeleigrube Freiburg/U.)
3. Löß (Weichseleiszeit), Geiseltal (Tagebau Neumark, Südrand)
4. Löß (Weichseleiszeit), Tagebau Edderitz, 10 m über Steinsohle
5. Löß (Weichseleiszeit), Formsandgrube Beidersee nördl. Halle/S.

Vorbehandlung der Proben

Wie schon erwähnt, bestehen über die Vorbehandlung der Proben bei den Forschern Meinungsverschiedenheiten hinsichtlich der Art und Dauer (FAULER 1936, ZINK 1940 u. a.). Auf Grund dieser Meinungsverschiedenheiten in der Vorbehandlung der Proben wurden folgende Versuche angestellt:

Von den fünf Lößproben wurden je neun Schlämmanalysen nach dem Sedimentationsverfahren (Aräometerverfahren nach CASAGRANDE) vorgenommen und zwar nach drei verschiedenen Vorbehandlungen.

a) Die Proben wurden mit einem Gummipistill zerrieben und in einem elektr. Rührapparat in destilliertem Wasser unter Zusatz von 3 ccm Ammoniak eine Stunde aufgerührt.

b) Derselbe Vorgang wie unter a), nur wurden die Proben vor dem Rühren 2 Stunden in destilliertem Wasser gekocht.

c) Um die Kalkhäutchen und eventuelle Kalkkonkretionen oder Schalenreste zu entfernen, wurden die Lößproben bei Zimmertemperatur mit einer 2-normalen (7%igen) Salzsäure unter ständigem Umrühren entkalkt. Bei dieser Verdünnung dürften die Silikate kaum angegriffen werden. Der in der verdünnten Salzsäure verbliebene unlösliche Rückstand wurde so lange mit destilliertem Wasser ausgewaschen (dialysiert), bis er vollkommen elektrolytfrei war.

Die auf diese Weise vorbehandelten Proben wurden dann schlämmanalytisch untersucht. So wurden z. B. von Probe Nr. 1 drei Proben mit der Vorbehandlung a), drei Proben mit der Vorbehandlung b) und dieselbe Zahl von Proben mit der Vorbehandlung c) untersucht; genauso wurde mit den Proben Nr. 2—5 verfahren. Die Ergebnisse der jeweiligen drei Versuche, die nur geringe Unterschiede zeigten, wurden in Form einer Kurve dargestellt, so daß von jeder Lößprobe drei Kornverteilungskurven vorliegen. Die Ergebnisse aus den Schlämmanalysen sind aus der Tabelle und den Abbildungen 1—5 zu ersehen.

Sieht man von den üblichen Fehlerquellen der schlämmanalytischen Ergebnisse hinsichtlich der Unterschiede im spezifischen Gewicht der Mineralkörner und vom Einfluß der Kornform (NEUMANN 1959) ab, denn diese sind bei den einheitlich durchgeführten Versuchen nur von sekundärer Bedeutung und stehen außerhalb der Fragestellung, so läßt sich zu den Ergebnissen folgendes sagen:

Vergleicht man die Kornverteilungskurven unter den Bedingungen der drei verschiedenen Vorbehandlungen miteinander (Abb. 1—5), so fällt zunächst eine relativ gute Übereinstimmung auf. Lediglich im Übergangsbereich vom Mittel- zum Feinschluff beginnt eine Kornverfeinerung bei den mit HCl vorbehandelten Lößproben, wodurch sich der Feinschluff- bzw. Tonanteil bis zu maximal 10%, im Mittel um etwa 4—7%, vergrößert. Die Zunahme des Feinkornanteils dürfte aber bei den vorgenommenen Aufbereitungen kaum auf eine mechanische Zerkleinerung zurückzuführen, sondern durch den Kalkgehalt bedingt sein. Die vorliegenden Analysenergebnisse lassen erkennen, daß die verkittende Wirkung des Kalkes, sofern nicht ausnahmsweise starke Verkrustungen vorliegen, bereits bei einer normalen Vorbehandlung der Proben für den Schlämmprozeß mit einem elektrischen Rührapparat und durch Kochen verlorengeht.

In der Erörterung über den Kalkgehalt hatten wir angenommen, daß der Kalk überwiegend primär sei und in kleinen Körnchen vorgelegen haben mag. Infolge der geringen Widerstandsfähigkeit gegenüber mechanischem Transport dürften die Kalkkörnchen kaum einen größeren Durchmesser als die Quarzkörner aufgewiesen haben, im Gegenteil, sie werden eher kleiner gewesen sein, da sie dem mechanischen Abrieb mehr unterlegen waren. Bei der Vorbehandlung der Lößproben mit HCl ist der Kalk, ganz gleich in welcher Form er vorgelegen hat, aufgelöst worden, d. h., auch die Ergebnisse der Schlämmanalysen unter den Vorbehandlungsbedingungen c) (Entkalkung) geben kein richtiges Bild von der ursprünglichen Korngrößenzusammensetzung der Löße, wenn sie derselben auch sehr nahe kommen (siehe auch SCHEFFER u. a. 1958). Trotzdem ist die Vorbehandlung der Lößproben in Form der Entkalkung auf jeden Fall zu empfehlen, vor allem bei den süddeutschen Lößen mit ihren wesentlich höheren Kalkgehalten. Da die ursprünglich vorhanden gewesenen Kalkkörnchen eine weitgehende Veränderung durch Auflösung erfahren haben, was zu einer Häutchen- und Krustenbildung mit Verkittungen führte, ist es im Interesse der vergleichenden Untersuchungen angebracht, den vielfach störenden Kalk vor der Schlämmanalyse zu entfernen. Stellen wir dann bei entkalkten Proben aus einem bestimmten Gebiet schlämmanalytisch Korngrößenunterschiede fest, dann sind diese auf jeden Fall auch primär vorhanden gewesen, denn diesen Korngrößenschwankungen waren die Kalkkörnchen genauso unterlegen.

Die Kalkumhüllungen der Mineralkörner sind bei den relativ geringen Kalkgehalten der mitteldeutschen Löße nur von sehr geringer Dicke, so daß die damit in Zusammenhang stehende Kornvergrößerung unbedeutend ist und beim Mittel- und Grobschluff praktisch keinen Einfluß auf die Fallgeschwindigkeit der einzelnen Mineralkörner bei der Sedimentationsanalyse ausübt bzw. sich bei dem gegenwärtigen Stand der schlämmanalytischen Apparaturen kaum feststellen läßt. Lediglich bei den feinen Kornfraktionen (<0,006 mm) macht sich das Verhältnis von Mineralkorndurchmesser zur Stärke der Kalkhäutchen bemerkbar, so daß nach der Entkalkung eine Kornverfeinerung eintritt. Dadurch kann die Verkittung so stark sein, daß sie beim normalen Aufbereitungsprozeß nicht zerstört wird.

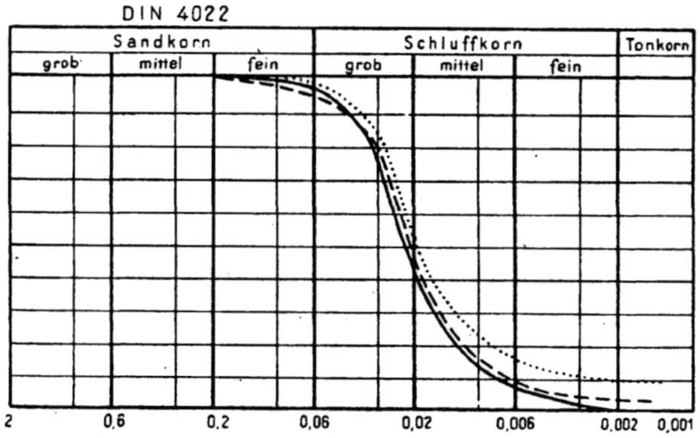

Abb. 1. Löß (Weichseleiszeit), Tagebau Etzdorf

Vorbehandlung: —— = ungekocht, --- = gekocht, ... = mit 2-normaler HCl entkalkt

Die Ergebnisse der Untersuchungen lassen sich in folgenden Punkten zusammenfassen:

1. Da den echten Lößen die für eine Krümelstruktur erforderlichen kolloidalen Ton- und Humusteilchen nahezu fehlen, erfolgte die Verkittung der Mineralkörner allein durch $CaCO_3$. Das sogenannte „Krümelgefüge" der Löße mit seinem hohen Porenvolumen von n = 40—60% läßt sich durch einen primär vorhandenen Kalkgehalt erklären. Der Kalk dürfte ursprünglich überwiegend genauso in Form von Einzelkörnern vorgelegen haben wie die übrigen Mineralkörner des Lößes. Postsedimentäre Auflösungen der Kalkkörnchen führten zur Bildung der Kalkhäutchen um die Mineralkörner in Verbindung mit einer Porenvolumenvergrößerung und Verkittung.

2. Mit 2-normaler Salzsäure vorbehandelte Lößproben zeigen in der Kornzusammensetzung eine relativ gute Übereinstimmung mit den Proben, die nicht entkalkt wurden. Im Mittel- und Feinschluffbereich tritt eine Kornverfeinerung bei den entkalkten Proben auf, die im Mittel 4—7%, maximal bis zu 10% beträgt. Da bei 2-normaler HCl-Verdünnung und der relativ kurzen Einwirkungszeit von 24 Stunden bei Zimmertemperatur außer Kalk kaum andere Mineralien Auflösungserscheinungen zeigen dürften und auch eine mechanische Zerkleinerung der Mineralkörner nicht anzunehmen ist, kann die Kornverfeinerung nur durch den Kalkgehalt erklärt werden. Das Verhältnis von Mineralkorndurchmesser zur Stärke der Kalkumhüllungen ist bei den feineren Kornfraktionen ein ganz anderes als bei groben und führt zu einer merklichen Kornvergrößerung.

Tabelle

		Korngrößen in mm — Verteilung in Gew.-%					Kalkgehalt in % $CaCO_3$
		>0,06	0,06 bis 0,02	0,02 bis 0,006	0,006 bis 0,002	<0,002	
1	a	3	55	35	7	—	14,7
	b	4	52	36	4	4	
	c	2	49	34	5	10	
2	a	1	47	45	5	2	17,6
	b	4	46	41	6	3	
	c	3	46	40	5	6	
3	a	6	56	36	2	—	9,3
	b	6	56	34	4	—	
	c	5	50	30	5	10	
4	a	24	33	31	8	4	16,4
	b	25	29	30	8	8	
	c	24	30	30	5	11	
5	a	5	58	30	7	—	15,5
	b	5	53	32	10	—	
	c	5	55	29	5	6	

Vorbehandlung: a = ungekocht, b = gekocht, c = entkalkt

3. Die Verkittung der Mineralkörner geht bei Lößen bereits bei der üblichen Vorbehandlung im elektrischen Rührapparat und durch Kochen zum großen Teil verloren, sofern nicht starke Verkrustungen vorliegen.

4. Die Kalkhäutchen um die einzelnen Mineralkörner sind, wenn auch unregelmäßig, von einer so geringen Dicke, daß die dadurch bedingte Kornvergrößerung beim Grob- und Mittelschluff praktisch keinen meßbaren Einfluß auf die Fallgeschwindigkeit bei den Sedimentationsanalysen ausübt.

Die übereinstimmenden Ergebnisse zeigen, daß man bei normalen Lößen von den komplizierteren Verfahren der Korngrößenermittlung (GUENTHER 1954) wohl doch absehen kann, sofern nicht noch mineralogische Untersuchungen mit den einzelnen Kornfraktionen vorgenommen werden sollen.

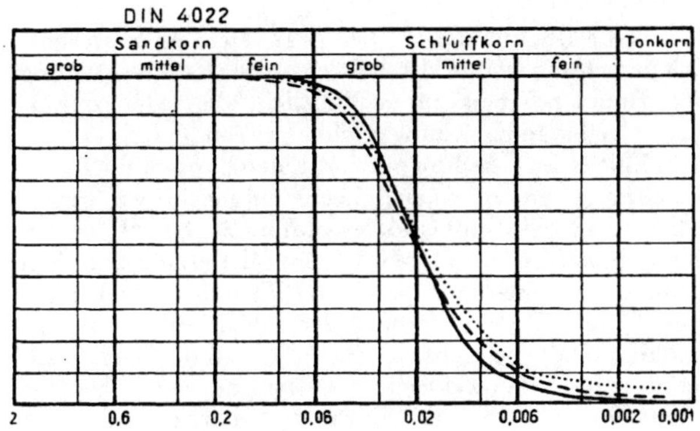

Abb. 2. Löß (Saaleeiszeit), Sommerwarwen des Bruckdorfer Bändertons, Freiburg/U.

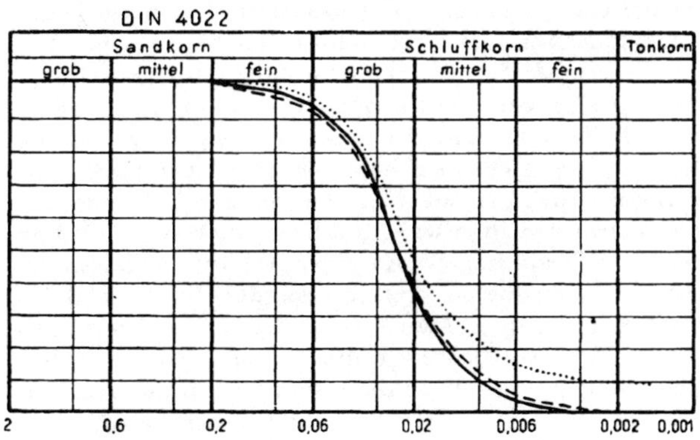

Abb. 3. Löß (Weichseleiszeit), Geiseltal (Tagebau Neumark)

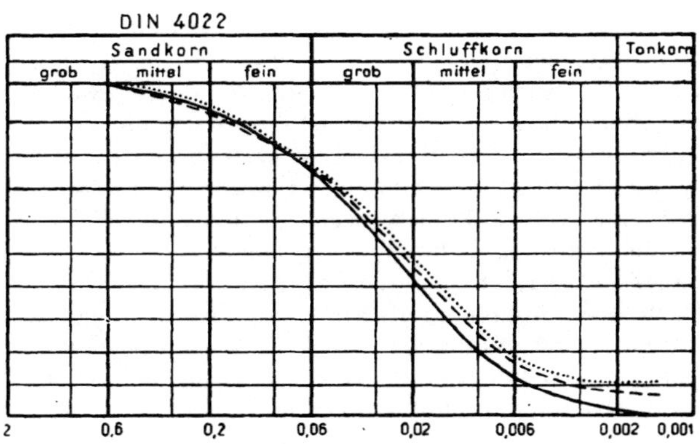

Abb. 4. (Weichseleiszeit), Tagebau Edderitz

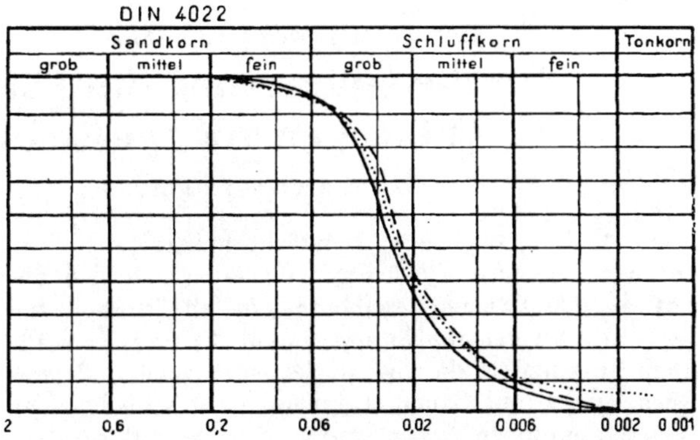

Abb. 5. (Weichseleiszeit), Formsandgrube Beidersee nördl. Halle/S.

Literatur

BRUNNACKER, K.: Bemerkungen zur Feinstgliederung und zum Kalkgehalt des Lößes. — Eiszeitalter und Gegenwart 8, S. 107—115, Öhringen 1957.

FAULER, W.: Der Löß und Lößlehm des Schwarzwaldrandes zwischen Achern und Offenburg. — N. Jb. Min. etc. B.-Bd. 75 A, S. 191—230, 1936.

GUENTHER, E. W.: Neue Methoden der Schlämmanalyse. — Freiberger Forschungshefte 8, Freiberg 1951.

— Feinstratigraphische Studien III — Methoden der Untersuchung von Lößen. — N. Jb. Geol. u. Pal., Monatshefte 1953, S. 97—111, Stuttgart 1954.

KEILHACK, K.: Rätsel der Lößbildung. — Z. Deutsch. Geol. Ges. Monatsberichte 6/7, S. 146—161, 1920.

KÖLBL, L.: Über die Körnung des Lößes. — Z. Min. etc. Abt. A, Jhg. 1934, S. 173—181, Stuttgart 1934.

KUBACH, J.: Mineralogische Untersuchung einiger Lößbodenprofile Mitteldeutschlands. — Chemie der Erde, 15, S. 7—25, Jena 1945.

LÖBER, H.: Zur Kenntnis der Lößvorkommen in Mittelfranken. — Nürnberg 1932.

NEUMAIER, F.: Über Vorbehandlungsverfahren der Sedimente zur Schlämmanalyse. — Z. Min. etc. Abt. A, S. 78—95, Stuttgart 1935.

NEUMANN, R.: Kritische Betrachtung der Ergebnisse und Verwendung von Sedimentations-Analysen. — Tonindustrie-Ztg. u. Keram. Rundschau 83, Nr. 18, S. 446—452, Goslar 1959.

RÖPKE, W.: Die Struktur des Löß. — Leopoldina, Ber. d. Kaiserl. Deutsch. Akademie d. Naturf. zu Halle, Bd. III, Leipzig 1927.

SCHEFFER, F., B. MEYER u. E. KALK: Mineraluntersuchungen am Würmlöß südniedersächsischer Lößfluren als Voraussetzung für die Mineralanalyse verschiedener Lößbodentypen. — Chemie der Erde 19, H. 4, S. 338—360, Jena 1958.

SCHEIDIG, A.: Der Löß und seine geotechnischen Eigenschaften. — Leipzig 1934.

SCHÖNHALS, E.: Gesetzmäßige Beziehungen zwischen Körnung und Kalkgehalt des Lößes und die Erkennung von Verwitterungszonen mit Hilfe der typischen Streubereiche. — Geol. Jb. 66, S. 291—304, Hannover 1952.

— Kennzahlen für den Feinheitsgrad des Lößes. — Eiszeitalter und Gegenwart 6, S. 133—147, Öhringen 1955.

SCHROEDER, D.: Mineralogische Untersuchungen an Lößprofilen. — Heidelb. Beiträge Min. etc. 4, H. 6, S. 443—463, Heidelberg 1955.

WEIDENBACH, F.: Gedanken zur Lößfrage. — Eiszeitalter und Gegenwart 2, S. 25—36, Öhringen 1952.

ZINK, F.: Zur diluvialen Geschichte des Hochrheines und zur Altersstellung der paläolithischen Station „Murg". — Mitt. Reichsamt f. Bodenforsch. Zweigstelle Freiburg, H. 1, 1940.

Neue Kartensymbole für die Gliederung des Unteren und Mittleren Buntsandsteins in Thüringen auf zyklischer Grundlage

JOACHIM DOCKTER & PETER PUFF, Jena

Durch die jetzt wieder verstärkt angelaufene Kartierungstätigkeit im Thüringer Becken ergab sich die Notwendigkeit, neue Bezeichnungen und Symbole für die Schichtglieder des Unteren und Mittleren Buntsandsteins zu schaffen, da diese in den vorliegenden älteren Gliederungen auf Grund regionaler Unterschiede nicht nach einheitlichen Gesichtspunkten aufgestellt wurden. Zwar ist die Art der Zeichen einheitlich, doch sind sie verschiedenen Schichtgliedern zugeordnet worden. Das Ziel der vorliegenden Ausführungen ist nicht eine Wiederholung bekannter stratigraphischer Schichtbeschreibungen, sondern es wird ein Schema zur Anwendung einheitlicher Symbole im Buntsandstein Thüringens vorgeschlagen.

Im Laufe der letzten Jahre wurde, ausgehend von den Untersuchungen H. BOIGKs (1957) in Südhannover, ein gesetzmäßiger zyklischer Sedimentationsablauf im Buntsandstein erkannt. 1958 gab G. GUNZERT die erste zusammenfassende Darstellung über die zyklische Gliederung des Buntsandsteins in der südlichen Beckenfazies. In der VR Polen waren zu diesem Zeitpunkt bereits unabhängig hiervon (nach freundlicher Mitteilung von Herrn KARASZEWSKI, Warschau) zyklische Sedimentationsfolgen bekannt geworden. 1959 wies W. HOPPE die Gültigkeit der Zyklentheorie auch für den gesamten thüringischen Raum nach. Da bei dem Stand unserer jetzigen Kenntnis wohl nicht zu befürchten ist, daß im Bereich der Zyklen später noch neue Glieder eingeschoben werden müssen, erscheint die zyklische Gliederung als Grundlage für die neue Symbolgebung geeignet zu sein.

Auf den älteren geologischen Spezialkarten sind meist nur die Stufen su, sm und so unterschieden worden. Soweit es möglich war, erfolgte die Kennzeichnung der stratigraphischen Aufeinanderfolge der Unterstufen durch Ziffern (z. B. sm1) und eine weitere Aufgliederung in einen unteren, mittleren und oberen Abschnitt durch Buchstaben (sm1u). Mit dieser Methode waren aber den örtlichen Gliederungsmöglichkeiten der Unterstufen Grenzen gesetzt; über eine Dreiteilung konnte nicht hinausgegangen werden. Das führte z. T. dazu, daß von Gebiet zu Gebiet gleiche Symbole verschiedenen Schichtgliedern zugeordnet wurden. Solche Bezeichnungen, die leicht zu Verwechslungen führen könnten, beispielsweise das bisher übliche Symbol sm1o, das in Ostthüringen die Schichten über, in Nordthüringen (Sondershausen) die Schichten unter den Gervilleienschichten bezeichnet, sollen künftig entfallen (s. Tabelle 1).

Durch den Nachweis der zyklischen Sedimentation im Buntsandstein sind nun neue Möglichkeiten zur Kennzeichnung der Unterstufen gegeben. In Südhannover ist der Mittlere Buntsandstein beispielsweise in 3 bzw. 4 Gruppen aufgeteilt worden, die den Schüttungszyklen entsprechen (H. BOIGK 1957). Sie sind mit Namen typischer Lokalitäten oder kennzeichnender Richtprofile versehen worden[1]). Die weitere Unterteilung erfolgt mittels petrographischer Symbole. Die Verwendung von Lokalnamen erscheint uns nicht geeignet. Sie sind zwar als Arbeitsgrundlage günstig, um genetisch zusammengehörige, regional begrenzte Sedimentkörper im Profil abzugrenzen und die Folgen als Faziesbildungen zu kennzeichnen, sie verwirren aber, wenn sie in das Kartenwerk eingehen. Die Verknüpfung des stratigraphischen Symbols mit einem petrographischen ist dagegen auch für die geologische Karte vorteilhaft.

G. GUNZERT (1958, S. 54) geht noch einen wesentlichen Schritt weiter. Er hält die alte Stufeneinteilung des Buntsandsteins für willkürlich, da jeder Zyklus „einen selbständigen und gewissermaßen gleichwertigen Abschnitt im Sedimentationsablauf darstellt". In Anlehnung an die neue Zechsteingliederung unterscheidet er die Buntsandsteinstufen S1 bis S6, wobei dem Oberen Buntsandstein 1, dem Mittleren 3 und dem Unteren 2 Zyklen entsprechen. Wir müssen vorläufig jedoch auf die Verwendung der Gliederung G. GUNZERTs (1958) verzichten, da in unserem Gebiet zumindest über den zyklischen Aufbau des su noch keine allgemeine Klärung herbeigeführt werden konnte.

Die Aufstellung der neuen Symbole erfolgte im Prinzip in enger Anlehnung an die 1946 bei der ehemaligen Deutschen Geologischen Landesanstalt im Manuskript erschienenen Richtlinien „Die Symbole der geologischen Karten". Die bisherige Dreiteilung des Buntsandsteins in su, sm und so bleibt erhalten. Die Symbolgebung für den Unteren und Mittleren Buntsandstein konnte nur sinngemäß übernommen werden, da z. B. die in den Anweisungen vorgesehene Zweiteilung des sm nicht mehr dem heutigen Stand der Buntsandsteingliederung gerecht wird. Bei weiterer Aufgliederung der einzelnen Stufen werden Ziffern zur Kennzeichnung der stratigraphischen Aufeinanderfolge angewendet. Die so bezeichneten Unterstufen des Buntsandsteins entsprechen den Zyklen. Damit ist ein in Thüringen allgemein anwendbarer Rahmen für weitere Untergliederungen geschaffen; diese sind jedoch den regionalen Verhältnissen unterworfen und daher verschieden. Deshalb wird im zweiten Teil des Symbols von der bisher üblichen Bezeichnungsweise abgesehen, da der stratigraphische Begriff „unten" oder „oben" nicht immer zur Festlegung faziell unterschiedlicher, kleinräumig verbreiteter Schichtglieder ausreicht. Dafür werden petrographische Kennzeichen, wie 'c (konglomeratisch), 's (sandig) und 't (tonig) und deren jeweilige Kombinationen oder faunistische Bezeichnungen, die durch griechische Buchstaben dargestellt werden, z. B. 'χ für Chirotheriensandstein, verwendet. Auch die petrographischen Bezeichnungen erlauben im Hinblick auf die zyklische Sedimentation, eine zeitliche Aufeinanderfolge abzulesen. Beide Teile des Symbols werden durch einen Apostroph getrennt. Er wird auch gesetzt, wenn der stratigraphische Anteil bei Abkürzungen wegfällt. Die Darstellung auf der Karte erfolgt mit Blockschrift, Kleinschreibung und fettem Druck.

Als petrographisches Zeichen wird 's für vorwiegend sandige Schichten mit wenigen oder keinen tonigen

[1]) z. B.: smD = Detfurther Gruppe.

Tab. 1. Symbole des Mittleren und Unteren Buntsandsteins

Neue Symbole	Eisfeld A. GOLWER S. WOZNIAK 1956	Kronach S. SCHREIBER 1956	Kahla (sm) 1921 Orlamünde (su) 1913 K. KOLESCH	Orlamünde E. NAUMANN 1956	Sondershausen W. HOPPE 1957	Sangerhausen W. JUNG (sm) 1959 (su) 1958	Ohmgebirge R. LANGBEIN G. SEIDEL unveröffentl.	Eichsfeld A. HERRMANN 1957	Südhannover H. BOIGK 1957	Zyklen- gliederung W. HOPPE 1959
so'χ	sm_3	sm_{2d}	sm4	sm3	sm_3	smS'st	so χ		smS'ts	so_1b so_1a
sm3'ts sm3'st			sm3o	sm2	sm_2oB			smS'st smH'ts	smS'st smH'ts smH'st	sm_3b sm_3a
sm2'st	sm_2	sm_{2c}	sm3m	sm1o	sm_2o		Lücke	Lücke	smD'ts smD'st	sm_2b
sm2's			sm3u		sm_2m			smD's	smD's	sm_2a
sm1'ts		——— ?	sm2	sm1m	sm_2u	smD's + t	sm_1b	smV'ts	smV'ts	sm_1b
sm1'st		sm_{2b}	sm1	sm1u	sm_1o		sm_1ao	smV'st	smV'st	sm_1a
sm1's	——— ?				sm_1u		sm_1au	smV's	smV's	
su3'ts		sm_{2a}				smV'ts smV'st smV's				su_2b
su3'st			su3	su3		su_5	su_3			
su3's						su_4				
su2'ts	sm_1	sm_1	su2	su2		su_3	su_2bo su_2bu			su_2a
su2's						su_2	su_2ao			
su2'st	su_2	su_2	su1	su1			su_2au			su_1b
su1	su_1	su_1		zs		su_1	su_1b su_1a			su_1a

Zwischenlagen verwendet. Am südlichen Beckenrand und in Südthüringen wird die 's-Folge auch durch 'sc, d. h. sandig-konglomeratische Schichten, vertreten. Sandsteine, die Einschaltungen von Tonsteinen enthalten, werden mit 'st bezeichnet, während 'ts für Wechselfolgen verwendet wird, die vorwiegend aus Tonsteinen mit einzelnen Sandsteineinlagerungen bestehen. Fast sandfreie oder reine Tonsteine werden durch das Zeichen 't gekennzeichnet. Anscheinend wird die petrographische Bezeichnungsweise von den einzelnen Autoren noch unterschiedlich gehandhabt. Deshalb sollte eine genaue Festlegung der Unterschiede (z. B. zwischen 'st und 'ts) für die Zukunft angestrebt werden.

Man darf bei einem Zyklus natürlich nicht erwarten, daß die Entwicklung vom Grobklastischen zum Pelitischen in kontinuierlicher Folge abläuft, d. h., daß sich die Körnigkeit in einem 's-Glied nach oben immer mehr verfeinert, um schließlich über eine Wechselfolge in die tonige 'ts- oder 't-Phase überzugehen (H. BOIGK 1957). Stets ist eine Unterstufe als Ganzes zu betrachten. Gröbere Lagen können durch den ganzen Zyklus hindurch immer wieder auftreten, und zwar in besonderem Maße in randlichen Gebieten des Ablagerungsraumes.

Für die wichtigsten Buntsandsteingebiete Thüringens liegen heute Gliederungen vor, die sich im Rahmen des zyklischen Aufbaus ziemlich sicher parallelisieren lassen. So besteht im sm eine gute Übereinstimmung zwischen der Schichtenfolge von Sondershausen und den westlich anschließenden Gliederungen von Südhannover und dem Eichsfeld. In südöstlicher Richtung konnte sie durch W. HOPPE (1959) trotz gewisser fazieller Unterschiede mit den Gliederungen Ostthüringens verknüpft werden. Aus den noch weniger bekannten Zwischengebieten kennen wir Schichtglieder, die die Richtigkeit dieser Vergleiche über entferntere Räume bestätigen, so von der Finne, wo sich die ostthüringische Bausandstein-Chirotheriensandsteingrenze wiederfinden läßt oder das Buntsandsteingebiet von Bad Berka, wo die Schichtenfolge vom obersten su bis zum Röt ausstreicht und in petrographischer Hinsicht zwischen Nord- und Ostthüringen vermittelt.

Diese Erkenntnisse lassen es nun als möglich und zur Erleichterung der Ausdeutung der geologischen Karten sogar als notwendig erscheinen, endlich auch in der äußeren Form der Symbole Einheitlichkeit zu erzielen. Nach den vorliegenden Ergebnissen sind im thüringischen Raum im Mittleren Buntsandstein drei $\pm$ vollständige Großzyklen vorhanden (nach G. GUNZERT, 1958, auch für das Gesamtbecken zutreffend): sm1 (Basissandstein, Rotweiße Wechselfolge und Gervilleienschichten), sm2 (Braune Grobsandsteinfolge und Lavendelfarbener Sandstein bzw. Rothensteiner Schichten) und sm3 (Bausandstein). Der Chirotheriensandstein wird als Basis des Oberen Buntsandsteins angesehen, da er mit meist grobkörnigen, randlich konglomeratischen Sedimenten über ganz Thüringen hinweg eine neue Schüttung einleitet und sich im Röt fortsetzt (G. GUNZERT 1958, S. 44—46, und W. HOPPE 1959, S. 46).

Der gesamte Röt wird bei G. GUNZERT (1958, S. 38) als selbständiger letzter Zyklus des Buntsandsteins aufgefaßt. Eine Gliederung dieser Stufe muß jedoch weiteren regionalen Untersuchungen vorbehalten bleiben. Für den Unteren Buntsandstein herrscht, auf Grund noch unvollkommener Spezialaufnahmen in vielen Gebieten und der ausgeprägten faziellen Unterschiede, noch nicht eine solche einheitliche Auffassung über seine Gliederungsmöglichkeiten wie für den Mittleren Buntsandstein des Thüringer Beckens. Deshalb sollten einer endgültigen Entscheidung über eine einheitliche Gliederung und Symbolgebung des Unteren Buntsandsteins weitere Untersuchungen vorangehen. Die hier vorgelegten Parallelisierungen spiegeln lediglich den augenblicklichen Stand der Kenntnisse wider. Sie sind vorläufig noch als Versuch zu werten. G. GUNZERT (1958) und W. HOPPE (1959) schlagen für den Unteren Buntsandstein eine Zweiteilung vor. Es ist jedoch zu erwägen, ob nicht eine Dreigliederung durch Abtrennung des oberen Teils des Unteren Buntsandsteins als su3 möglich ist. Die Gliederungen W. JUNGs (1958) aus dem Sangerhäuser Gebiet, J. RIPPELs (1959) bei Nordhausen und Kartierungsergebnisse aus dem Raum von Rudolstadt lassen sich in diesem Sinne deuten. Zu ähnlichen Ergebnissen gelangten auf Grund von Bohrungen, nach freundlicher Mitteilung, auch Dipl.-Min. R. LANGBEIN und Dipl.-Geol. G. SEIDEL im Ohmgebirge (Holunger Graben). Ihre Gliederung wurde zum Vergleich in Tabelle 1 mit einbezogen.

Die Vorteile der neuen Symbolgebung bei einer Sedimentfolge wie dem Buntsandstein, die so raschen faziellen Schwankungen unterworfen und fast nur petrographisch zu kennzeichnen ist, sind offensichtlich. Jede Schicht wird durch das stratigraphische Symbol einem bestimmten Zyklus zugewiesen. Die petrographische Bezeichnung erlaubt dann innerhalb der Zyklen örtlich beliebig zu gliedern, zusammenzufassen oder im Laufe der weiteren Untersuchungen neu gewonnene Ergebnisse unterzubringen, ohne andere Symbole verändern zu müssen. Weiterhin ist es möglich, fazielle Änderungen innerhalb der einzelnen Unterstufen aus dem geologischen Blatt über weite Gebiete hinweg abzulesen. Beispielsweise wären die Basisschichten im Gebiet von Rudolstadt, d. h. in Randnähe, wegen ihres konglomeratischen Anteils als 'sc, im Beckeninneren aber als einfache Sandsteinfolge ('s) zu bezeichnen.

Die Nachteile dieser Methode bestehen darin, daß innerhalb der einzelnen Zyklen nicht ohne weiteres die stratigraphische Lage zu erkennen ist, besonders von Kartenbenutzern, die mit der Problematik der zyklischen Sedimentation nicht vertraut sind. Doch bleibt im allgemeinen die zeitliche Aufeinanderfolge aus dem Zyklus 'sc — 's — 'st — 'ts ersichtlich, auch wenn das eine oder andere Schichtglied ausfallen sollte. Eine immer wiederkehrende Ausnahme von dieser Abfolge zeigen die Schichten des tieferen su2, wo aus feinkörnig-pelitischen Gesteinen gröberklastische hervorgehen.

Im folgenden soll die neue Symbolgebung an Beispielen aus dem Buntsandstein Ost- und Nordthüringens dargestellt werden, wobei die Ergebnisse der Arbeit von W. HOPPE (1959) zugrunde gelegt worden sind.

Folgende Schichtkomplexe werden behandelt:

Bröckelschiefer	su1
Untere Sandstein-Schieferton-Wechselfolge	su2'st
Untere Sandsteinfolge	su2's
Sandige Tonsteinfolge	su2'ts
Obere Sandsteinfolge	su3's
Obere Sandstein-Schieferton-Wechselfolge	su3'st
Basissandstein	sm1's
Rotweiße Wechselfolge	sm1'st
Gervilleienschichten	sm1'ts
Braune Grobsandsteinfolge, Rothensteiner Geröllstufe	sm2's
Lavendelfarbener oder Düsterroter Sandstein, Rothensteiner Schichten i. e. S.	sm2'st
Bausandstein	sm3'st + 'ts
Chirotheriensandstein	so'χ

A. Der Untere Buntsandstein

Bröckelschiefer, su1

Der Bröckelschiefer wird auf Grund seines gleichbleibenden petrographischen Charakters und seiner weiten Verbreitung allgemein als selbständige Unterstufe aufgefaßt und erhält nach den Richtlinien der ehemaligen Deutschen Geologischen Landesanstalt die Bezeichnung su1. Da die gröberen Einlagerungen im Bröckelschiefer meist nur sehr geringmächtig sind — Grobsandsteine oder Gerölle reichen nicht oder nur mit einer Bank bis in den eigentlichen Raum des Thüringer Beckens —, ist eine Untergliederung in su1's und su1't nicht zweckmäßig. Lediglich für den Geröllfächer bei Gera läßt sich eine Abtrennung als su1's rechtfertigen.

Untere Sandstein-Schieferton-Wechselfolge, su2'st

Im Hangenden des Bröckelschiefers schalten sich in zunehmendem Maße feinkörnige, oft dünnplattige Sandsteine ein, und es entsteht damit eine Sandstein-Schieferton-Wechselfolge. Übereinkunftsmäßig muß die Grenze zwischen su1 und su2 über die bröckligen Tonsteine gelegt werden, die als Bröckelschiefer genau definiert sind. In Ostthüringen, wo die Grenze bisher unter dem ersten Geröllhorizont gezogen wurde, rechnete man die Sandstein-Schieferton-Wechselfolge noch zum su1. In Bohrungen bei Langendembach (Blatt Orlamünde, Nr. 5235) wurden diese Schichten jetzt mit 15 m Mächtigkeit über etwa 25 m Bröckelschiefern angetroffen. Es läßt sich sogar noch eine Untergliederung in eine basale tonsteinreichere und eine obere, z. T. gröberkörnige, etwas tonärmere Sandsteinfolge ermöglichen.

In der Literatur werden oft über den Bröckelschiefern ähnliche, zu gröberklastischen Schichten überleitende Sandstein-Schiefertonfolgen erwähnt, die unserem su2'st entsprechen dürften, zum Beispiel die feinkörnigen Sandsteine des su_2 von Oberfranken und Südthüringen (H. STEINLEIN 1953), die Untere Rotgrüne Wechselfolge (H. GAERTNER 1958) im Eichsfeld, die Tonsandsteinfolge (H. G. KUPFAHL 1958) im Meißnergebirge und der untere Teil der Sandstein-Schiefertonzone (W. JUNG 1958) bei Sangerhausen. In randnahen Gebieten können auch schon im su2'st Gerölle auftreten. Als Beispiel sei der „Eisfelder Sandstein" (C. Y. LEE 1940) angeführt.

Untere Sandsteinfolge, su2's

Der mittlere Teil des Unteren Buntsandsteins zeichnet sich am südlichen Rand des Beckens durch grobe Sedimentation aus. Von Ostthüringen bis in das Gebiet von Ilmenau sind Geröllhorizonte vorhanden, die in Ostthüringen bisher zu der Unterstufe su_2 zusammengefaßt wurden. Kennzeichnend für die Ausbildung des su_2 — bzw. su2's oder 'sc, wie wir den unteren Teil dieser Sandsteinfolge jetzt bezeichnen wollen — ist im Südosten des Thüringer Beckens ein nennenswerter Feldspatgehalt.

Es ist auffallend, daß in Oberfranken und in Südthüringen ebenso wie am Südrand des Thüringer Beckens über Bröckelschiefern und feinkörnigen Sandsteinschichten konglomeratische Bildungen auftreten. Die Ähnlichkeit der beiden Sedimentfolgen war der Anlaß zur Einstufung des südthüringischen „sm_1“ in den Unteren Buntsandstein auf neueren geologischen Übersichtskarten (F. DEUBEL & H. J. MARTINI 1942 und A. WATZNAUER 1952). Auch in dem Symbolheft der Deutschen Geologischen Landesanstalt (1946) wird das ECKsche Konglomerat Süddeutschlands mit dem su-Konglomerat in Thüringen als „su2'c“ gleichgesetzt. Als Ursache für die weit verbreitete, gleichzeitige Geröllschüttung können epirogene Bewegungen angenommen werden.

Nach Norden klingt die Geröllschüttung sowohl im Thüringer Becken als auch im Werragebiet schnell aus. Der Übergang von konglomeratischem „sm_1“ Südthüringens zu geröllfreiem „$su_{2\beta}$“ des Werragebietes wird besonders deutlich auf Blatt Zella-Mehlis (5329) (B. KÜHN 1920 und W. HOPPE 1959, S. 33—34). Im eigentlichen Werra-Kali-Gebiet ist es vorläufig noch nicht möglich gewesen, außer dem Bröckelschiefer weitere Glieder des su auf Grund von Tongehalt oder Körnigkeitsunterschieden abzutrennen.

Es scheint auch noch nicht ganz gesichert, ob alle Geröllhorizonte Süd- und Ostthüringens, die in verschiedenen Niveaus auftreten und oft räumlich begrenzten, fächerartigen Schüttungskegeln zugehören, zeitlich parallelisierbare Marken darstellen. E. ZIMMERMANN (1914) und R. HUTH (1951) beschreiben derartige, relativ linear gerichtete Geröllvorkommen vom Südrand des Thüringer Beckens, die seitlich auskeilen. Andererseits hat R. HUTH (1953) auf den Blättern Meeder (5631) und Neustadt b. Coburg (5632) leitende Geröllzonen auskartieren können.

Im Gebiet von Sangerhausen könnte dieser Sandsteinfolge der obere Teil der Sandstein-Schiefertonzone W. JUNGs (1958) entsprechen, die durch einen Wechsel von Schiefertonen, Rogensteinen und Kalksandsteinen gekennzeichnet wird. In westlicher Richtung vollzieht sich — entsprechend einer allgemein abnehmenden Tendenz der Rogensteinentwicklung — ein kontinuierlicher Übergang zu rogensteinfreier, sandiger Fazies, die im Eichsfeld durch H. GAERTNER (1958) als Unterer Sandsteinhorizont ausgeschieden wird.

Sandige Tonsteinfolge, su2'ts

Im Beckeninneren schalten sich zwischen die sandigen Schichten nach oben zunehmend tonige Sedimente ein. Bei Sangerhausen scheidet W. JUNG (1958) eine fast nur aus feinsandigen Tonsteinen und Schiefertonen bestehende Folge aus, die er als Untere Schiefertonzone bezeichnet. Nach Westen ist wieder eine Zunahme des Sandsteinanteils feststellbar, der aber das Vorherrschen des pelitischen Anteils nicht beeinträchtigt. Eine ähnliche Entwicklung läßt sich auch im Gebiet von Rudolstadt erkennen. Die Sandsteine des su2's nehmen nach oben Tonsteinzwischenlagen auf, die sich nördlich von Rudolstadt als 5—10 m mächtige, gut abgrenzbare Serie ausscheiden lassen. Lokal, besonders bei Saalfeld und Schwarza, sind die Tonzwischenlagen graublau gefärbt und enthalten Pyrit (= Pyritletten nach H. HARRASSOWITZ 1927). Den Abschluß dieser tonreichen Folge bildet bei Rudolstadt ein bis 1 m mächtiger roter Schieferton.

Obere Sandsteinfolge, su3's

Über der Sandigen Tonsteinfolge setzt im Rudolstädter Gebiet mit groben, zum großen Teil geröllführenden Lagen wieder ein feldspatreicher, oft dickbankiger, grauer Sandstein (su3's) ein. Diesen oberen grauen Grobsandstein hatte bei Kartierungsarbeiten 1946/47 schon E. NAUMANN festgestellt und als Einlagerung in den su_3 alter Einteilung aufgefaßt (nach freundlicher briefl. Mitteilung von Herrn Prof. E. NAUMANN). Die in Ostthüringen übliche Bezeichnung su3 für die oberen schaumigen und oolithischen Sandsteine soll beibehalten werden. Als untere Grenze des su3 kommt die Obere Sandsteinfolge in Betracht.

Im südöstlichen Harzvorland wird die grobklastische ostthüringische Ausbildung durch eine Rogenstein-Schieferton-Wechselfolge (= Rogensteinzone W. JUNGs 1958) vertreten, die am Nordrand des Thüringer Beckens mehr den Charakter einer Sandstein-Schieferton-Wechselfolge besitzt und von den hangenden Schichten nicht eindeutig abzutrennen ist. Die Liegendgrenze ist dagegen durch das Auftreten von Sandsteinbänken deutlich, die im Eichsfeld nach H. GAERTNER (1958) teilweise einen selbständigen Oberen Sandsteinhorizont bilden können (vgl. Tabelle 2).

Tab. 2. Gliederungsübersicht des Unteren Buntsandsteins

Bleicherode Worbis H. GAERTNER, 1958	Sondershausen Nordhausen in Anlehnung an J. RIPPEL, 1959	Südöstliches Harzvorland W. JUNG, 1958	Rudolstadt P. PUFF	Orlamünde E. NAUMANN, 1956
Obere Rotgrüne Wechselfolge und	Obere Sandstein-Schieferton-Wechselfolge su3'st	Mittlerer Buntsandstein smV	Obere Sandstein-Schieferton-Wechselfolge su3'st	Roter und grauer Sandstein, brauner Eisensandstein und bunter oolithischer Sandstein su3
		Obere Schiefertonzone su_5		
Oberer Sandsteinhorizont		Rogensteinzone su_4	Obere Sandsteinfolge su3's	Feinkörniger Sandstein, z. T. geröllführend su2
Braunrote Folge	Sandige Tonsteinfolge su2'ts	Untere Schiefertonzone su_3	Sandige Tonsteinfolge su2'ts	
Mittlere Rotgrüne Wechselfolge				
Unterer Sandsteinhorizont	Untere Sandstein-Schieferton-Wechselfolge su2'st	Sandstein-Schieferton-zone su_2	Untere Sandsteinfolge su2's	
Untere Rotgrüne Wechselfolge			Untere Sandstein-Schieferton-Wechselfolge su2'st	Gelblicher Sandstein, roter u. gelblicher Schieferton su1
Bröckelschiefer	Bröckelschiefer su1	Bröckelschiefer su_1	Bröckelschiefer su1	Roter Bröckelton und roter Letten zs

Obere Sandstein-Schieferton-Wechselfolge, su3'st

Den oberen Teil des Unteren Buntsandsteins bilden in ganz Thüringen tonige Schichtfolgen, die am südlichen Beckenrand aus der Oberen Sandsteinfolge hervorgehen und aus plattigen, häufig oolithischen Sandsteinen mit Schiefertonzwischenlagen bestehen, während die Ausbildung im nördlichen Teil des Beckens insgesamt etwas toniger ist. Dieses Schichtglied ist keine Wechselfolge im üblichen Sinne, sondern eine Kombination von Tonsteinfolgen und vorwiegend sandigen Serien. Nach J. RIPPEL (1959) lassen sich in ihr zwei Zyklen erkennen, von denen jeder die Entwicklung von vorwiegend sandigen zu stärker tonigen Schichten zeigt. Sie werden durch Bänkchen mittelkörnigen Sandsteines getrennt, mit denen nach Ansicht W. JUNGs (1959) der Mittlere Buntsandstein beginnt. Plattige Sandsteine, die im oberen Teil des su3'st vorkommen, erinnern an ähnliche plattige Schichten aus den Gervilleienschichten.

Den Abschluß der Oberen Sandstein-Schieferton-Wechselfolge stellt eine meist nur wenige Meter mächtige Tonsteinfolge dar (su3'ts), die besonders in Ostthüringen teilweise durch feinkörnige, dünnschichtige Sandsteine vertreten wird. *Estherien* sind für diese Tonsteine kennzeichnend. Auf Grund der geringen Mächtigkeit der su3-Tonsteinfolge wird sie oft in das su3'st-Glied mit einbezogen werden müssen.

B. Der Mittlere Buntsandstein

Basissandstein, sm1's

Die Abtrennung des Basissandsteins (= „Kaolinschichten" Ostthüringens) vom Unteren Buntsandstein ist von Orlamünde über Rudolstadt bis nach Ilmenau einfach durchzuführen, d. h. dort, wo die Sedimentation des sm mit grobkörnigen, feldspatreichen und geröllführenden Schichten beginnt. Nicht ganz so eindeutig kann die Grenzziehung auf anderen Blättern Ost- und Mittelthüringens vollzogen werden, wo sich fein- und grobkörnige Lagen an der Grenze verzahnen. Am Nordrand des Thüringer Beckens sind durch das Sandstein-Tonsteinverhältnis, durch Färbung, Körnigkeit, Schichtungsart und das Bindemittel deutliche Unterschiede vorhanden.

Rotweiße Wechselfolge, sm1'st

Während die Rotweiße Wechselfolge im Beckeninneren durch ihre dünnbankigen bis plattigen Sandsteine mit glimmerreichen Tonbestegen gut vom sm1's abzutrennen ist, müssen in Ostthüringen beide Zyklenglieder zusammengefaßt werden. Der sm1'st wird hier noch oft von gröberen Lagen durchzogen.

Gervilleienschichten, sm1'ts

Der Abschluß des sm1-Zyklus zeichnet sich durch lebensfreundliche Verhältnisse aus. Die Kennzeichnung durch ein faunistisches Symbol erscheint jedoch nicht gerechtfertigt; denn während in Ostthüringen *Avicula murchisoni* GEIN. noch relativ gut zur Abgrenzung der Gervilleienschichten zu benutzen ist, stellt sich die Fossilführung in Richtung zum Beckeninneren immer mehr ein. Auf Blatt Bürgel (5036) findet man *Avicula* schon in groben Sandsteinen an der Grenze zwischen sm1'st und sm1'ts, im Gebiet von Sondershausen von der Rotweißen Wechselfolge bis in den Braunen Grobsandstein. Mit wenigen Ausnahmen ist ihr Auftreten immer an die typische plattige, tonreiche Sandsteinfazies gebunden.

Braune Grobsandsteinfolge, Geröllstufe der Rothensteiner Schichten in Ostthüringen, sm2's

Mit einer deutlich ausgeprägten Geröllstufe in Ostthüringen und einem verschiedenkörnigen, bindemittelarmen braunen Sandstein im Norden des Thüringer Beckens beginnt der zweite Zyklus des sm. Die Geröllstufe kann man von Blatt Orlamünde (5235) bis nach Rudolstadt verfolgen, und auch bei Blankenhain ist sie andeutungsweise, besonders durch ihre starke Feldspatführung, noch zu erkennen.

Lavendelfarbener oder Düsterroter Sandstein, Rothensteiner Schichten, sm2'st

Die hangenden Schichten der Braunen Grobsandsteinfolge werden, ebenso wie die über der Geröllstufe Ostthüringens folgenden, unter der Bezeichnung sm2'st zusammengefaßt. Ihr petrographischer Charakter stimmt in beiden Gebieten weitgehend überein und zeigt Ähnlichkeiten zur Ausbildung der Gervilleienschichten.

Bausandstein, sm3'st und 'ts

Im Bausandstein fehlt der für die anderen Zyklen typische Basisgeröllhorizont. Kleine Gerölle kommen aber vereinzelt in den Bänken und lagenweise in der ganzen Abfolge vor. Lediglich die obersten feinkörnigen und tonreichen Schichten (sm_3b nach W. HOPPE 1959) sind im allgemeinen frei von Geröllen. Die untere rote, bankige Sandsteinfolge mit Schiefertonzwischenlagen, die den größeren Teil des Bausandsteins einnimmt, erhält die Bezeichnung sm3'st.

Der obere Teil des Zyklus besteht aus einer Folge roter Schiefertone und dünnplattiger Sandsteine und kann als sm3'ts von dem übrigen Bausandstein abgetrennt werden. Diese Schichten sind auch in neueren Bohrungen im Finnegebiet unter dem grauen, karbonatischen Chirotheriensandstein immer wieder angetroffen worden. Ausnahmsweise kann auch die sm3'ts-Folge konglomeratisch werden. An der Bahnlinie östlich von Göschwitz z. B. führen gerade die obersten roten, feinkörnigen dünnschichtigen Sandsteine und Letten Gerölle (K. KOLESCH 1921). Auch an anderen Stellen Südostthüringens, z. B. bei Großkochberg, konnten derartige Beobachtungen gemacht werden. Bei den Geröllschüttungen handelt es sich vielleicht um lokale Vorläufer der konglomeratischen Chirotheriensandsteinbasis, die während einer Zeit geschüttet wurden, als die Umlagerungsvorgänge des obersten rotgefärbten, tonreichen Bausandsteins stellenweise noch stattfanden.

C. Der Obere Buntsandstein

Chirotheriensandstein, so'χ

In weiter Verbreitung liegt am östlichen und südlichen Rand des Thüringer Beckens die Geröllstufe des Chirotheriensandsteins vor. Als mehrere Meter mächtiges Basiskonglomerat ist sie auf den Blättern Eisenberg (5037) und Bürgel (5036) vorhanden. In den anderen Gebieten liegt der untere Teil des Chirotheriensandsteins oft in Form mehrerer 1,5—2,5 m mächtiger Kleinzyklen vor, die basal oft wulstig-karbonatisch sind und kleine Gerölle führen. Nach oben gehen die Kleinzyklen in feinkörnige, dünnschichtige und fleckige Sandsteine über.

Während in Polen, nach freundlicher Mitteilung von Herrn W. T. KARASZEWSKI, die sandige Basis des Röt schon *Myophorien* führt, konnte im thüringischen Raum bisher nur einmal ein undeutlicher Abdruck dieses typischen Rötfossils gefunden werden (Steingraben westlich Bad Berka).

Die *Chirotherien*-führenden Sandsteinplatten Ostthüringens lagern mit 1—1,5 m Mächtigkeit dem unteren Teil des Chirotheriensandsteins auf. Es folgt dann auf Blatt Bürgel (5036) in vollständiger Abscheidungsfolge der Übergang vom Sandstein zum Rötgips. Alle Übergangsglieder sind — wenn auch nur geringmächtig — vorhanden. Auf dem Kartenblatt werden aus diesem Grund die Glieder 'st, 'ts und 'k zusammengefaßt als so'χ dargestellt. Darüber wird dann die Rötgliederung wie bisher durchgeführt. Die genaue Schichtenfolge geht aus dem nachfolgenden Profil hervor, das wegen seiner Bedeutung für den Übergang vom Chirotheriensandstein zum eigentlichen Röt beigefügt werden soll.

Die Ausbildung am Nordrand des Thüringer Beckens gleicht der ostthüringischen, nur sind bisher weder Karneol noch irgendwelche Lebensspuren festgestellt worden. Auf die grauen Sandsteine folgt meist mit etwas schärferer Grenze der Rötgips.

Aufschluß in den Grenzschichten zwischen Chirotheriensandstein und Röt—Basisgips bei Graitschen, Bl. Bürgel (5036)

1. Hangendes	Fossilfreie Basisgipse. Weißer Fasergips, grauer und rötlicher spätiger Gips und Porphyrgips mit dünnen, graugrünen blättrigen Tonsteinzwischenlagen.
2. 0,45—0,48 m	Mergel, grau, ebenschichtig, dünnblättrig, mit einzelnen kleinen Kalkknoten. Schwachwellige Schichtflächen. Basal mit cm-starken Kalksteinlagen.
3. 0,07—0,10 m	Kalkstein, grau. Durch mergelige Zwischenmittel hellgrau gebändert. Basisfläche eben, im übrigen etwas gewellte Schichtflächen.
4. 0,12 m	Wechsellagerung von Tonsteinlagen, graugrün, 1—10 mm stark, und Sandsteinlagen, gelblich, feinkörnig, 2—10 mm stark.
5. 0,19 m	Wechsellagerung von Tonsteinlagen, — 5 cm mächtig, und Sandsteinlagen, gelblich, feinkörnig, karbonatisch, — 4 cm mächtig mit Rippelmarken.
6. 0,04 m	Sandstein, weiß, gelb gefleckt, dolomitisches Bindemittel. Basal grünliche, plattige Tongerölle enthaltend. Oberfläche mit Rippelmarken.
7. 0,25 m	Wechsellagerung, oben vorwiegend Tonsteine, — 4 cm mächtig, nach unten vorwiegend feinkörnige, hellgraue, karbonatische Sandsteine, z. T. gelb gefleckt.
8. Liegendes	Sandsteinbänke, hellgrau, feinkörnig, meist schwach karbonatisch, 15—35 cm mächtige Bänke mit dünnen Tonbestegen.

Den vorliegenden Ausführungen sind zwei Tabellen beigegeben. In Tabelle 1 werden die bestehenden unterschiedlichen Gliederungsauffassungen des thüringischen Buntsandsteins miteinander verglichen. Auf Tabelle 2 sind verschiedene, z. T. noch unveröffentlichte Profile aus dem Unteren Buntsandstein dargestellt. Die Parallelisierung des Mittleren Buntsandsteins aus dem Gebiet von Sondershausen mit dem ostthüringischen führte bereits W. HOPPE (1957, S. 194) durch.

Zusammenfassung

Die vorliegende Arbeit hat zum Ziel, für eine Neubearbeitung der geologischen Blätter der thüringischen Buntsandsteingebiete einheitliche Symbole zu schaffen. Die Grundlage dazu bildet die Zyklengliederung, die von W. HOPPE (1959) für Thüringen durchgeführt wurde. Die methodische Anleitung zur Aufstellung der Symbole gaben die Richtlinien der ehem. Deutschen Geologischen Landesanstalt (1946). Die neuen Symbole bestehen aus einem stratigraphischen und einem für die weitere Untergliederung wichtigen petrographischen oder faunistischen Anteil.

Die bisher übliche Dreiteilung des Buntsandsteins wird bei der neuen Symbolgebung weiterhin verwendet. Der Zyklus des Oberen Buntsandsteins soll künftig mit dem Chirotheriensandstein beginnen. Der Mittlere Buntsandstein erhält, entsprechend seinem zyklischen Aufbau, eine Dreigliederung in sm1, sm2 und sm3. Die Untergliederung des Unteren Buntsandsteins erscheint wegen stärkerer fazieller Unterschiede etwas komplizierter, doch wird wohl eine Einteilung in die drei Unterstufen su1, su2 und su3 den Verhältnissen in Thüringen am ehesten gerecht, da dem Bröckelschiefer eine Sonderstellung eingeräumt werden muß und die darüber folgenden Schichtserien mit Vorbehalt zwei Großzyklen erkennen lassen.

Im zweiten Symbolanteil wird durch Kombinationen der einzelnen petrographischen Kennzeichen, 'c (konglomeratisch), 's (sandig) und 't (tonig), die Möglichkeit geschaffen, die Abfolge der Symbole nach den geologischen Erfordernissen zu variieren und einen gewissen Spielraum für weitere Unterteilungen oder Zusammenziehungen zu lassen. Der zyklische Ablauf der Sedimentation gestattet aber auch dann noch, die zeitliche Aufeinanderfolge der Schichten zu erkennen. Auch faziell unterschiedliche Profile verschiedener Gebiete können miteinander verknüpft werden.

Anhand der Gliederungen Ostthüringens und des südlichen Harzvorlandes wird die neue Symbolgebung dargestellt und teilweise durch neue stratigraphische Ergebnisse unterbaut.

Literatur

BOIGK, H.: Vorläufige Mitteilung über eine neue Gliederung des Mittleren Buntsandsteins im Raume Südhannover. — Geol. Jb. **72**, Hannover 1957.

DEUBEL, F. & MARTINI, H. J.: Geologische Übersichtskarte von Thüringen. — Gotha 1942.

GAERTNER, H.: Studie Nr. 2 zur Erkundung auf Kalisalze. — Unveröffentlicht, Archiv d. Geolog. Dienstes, Jena 1958.

GOLWER, A.: Ergebnisse einer Triaskartierung auf Blatt Eisfeld (SE-Teil). Unveröffentlichte Dipl.-Arbeit, Jena 1956.

GUNZERT, G.: Die einheitliche Gliederung des deutschen Buntsandsteins in der südlichen Beckenfazies. — Abh. hess. Landesamt Bodenforsch. H. 24, Wiesbaden 1958.

HARRASSOWITZ, H.: Pyritletten im Buntsandstein Ostthüringens. — Cbl. Min., Geol. u. Pal., Abt. B, **1927**, Stuttg. 1927.

HERRMANN, A.: Schichtausfälle im Mittleren Buntsandstein des nordwestlichen Eichsfeldes und deren mögliche Deutung. — Geol. Jb. **72**, Hannover 1957.

HOPPE, W.: Gliederung des Mittleren Buntsandsteins im Gebiet von Sondershausen. — Ber. Geol. Ges. DDR **2**, H. 3, Berlin 1957.

— Zyklische Gliederung des Unteren und Mittleren Buntsandsteins in Thüringen. — Ber. Geol. Ges. DDR **4**, H. 1, Berlin 1959.

HUTH, R.: Bericht über Kartierung im Buntsandstein der Blätter Remda, Stadtilm, Königsee und Bad Blankenburg. — Berlin 1951. Unveröffentlicht, Archiv d. Geol.Dienstes Jena.

— Konglomerate im Buntsandstein der Blätter Meeder und Neustadt b. Cob. — Geologie **2**, Berlin 1953.

JUNG, W.: Gliederung des Unteren Buntsandsteins im südöstlichen Harzvorland. — Geologie **7**, Berlin 1958.

JUNG, W. & GEORGI, F.: Der Kyffhäuser und sein südöstliches Vorland. — Exkursionsführer Thür.Becken, Jahrestagung Geol. Ges.DDR, Berlin 1959.

KOLESCH, K.: Der untere Buntsandstein auf dem Blatt Neustadt/Orla. — Jb. kgl. Preuß. Geol. L.-Anst. f. 1911, **32**, I, Berlin 1913.

— Beitrag zur Stratigraphie des Mittleren Buntsandsteins im Gebiet des Blattes Kahla. — Jb. Preuß. Geol. L.-Anst. f. 1919, **40**, II, Berlin 1921.

KUPFAHL, H. G.: Die Abfolge des Buntsandsteins am östlichen Meißnergebirge. — Notizbl. hess. L.-Amt. f. Bod.-Forsch. **86**, Wiesbaden 1958.

KÜHN, B.: Erläuterungen zur Geologischen Karte von Preußen und benachbarten Bundesstaaten. Lfg. 183. Blatt Mehlis. — Berlin 1920.

LEE, C. Y.: Die geologischen Verhältnisse im südlichen Vorland des Thüringer- und Frankenwaldes zwischen Eisfeld und Kulmbach. Geotekt. Forsch., H. 5 (Zur germanotypen Tektonik III), Berlin 1940.

NAUMANN, E.: Geologische Karte von Deutschland, Blatt Orlamünde, Maßst. 1 : 25000. — Berlin 1956.

— Über einige Grenz-Profile in der Trias bei Jena, Gotha und Göttingen. — Geologie **8**, H. 2, Berlin 1959.

RIPPEL, J.: Versuch einer Gliederung des su im südlichen Harzvorland. — Unveröff. Dipl.-Arbeit, Jena 1959.

SCHREIBER, S.: Faziesverhältnisse des Buntsandsteins und Keupers bei Kronach. — Erlanger geol. Abh., H. 22, Erlangen 1956.

STEINLEIN, H.: Der Buntsandstein am Westrand der Böhmischen Masse. — Erlanger geol. Abh., H. 8, Erlangen 1953.

WATZNAUER, A.: Geologische Übersichtskarte, Maßst. 1 : 100000, Blatt Meiningen. — Leipzig 1952.

WOZNIAK, S.: Ergebnisse einer Triaskartierung auf Blatt Eisfeld (SW-Teil). — Unveröffentlichte Dipl.-Arbeit, Jena 1956.

ZIMMERMANN, E.: Erläuterungen zur Geologischen Karte von Preußen und benachbarten Bundesstaaten. Lfg. 40, Blatt Saalfeld a. Saale. Berlin 1914.

Die Symbole der Geologischen Karten. — Deutsche Geologische Landesanstalt. Berlin 1946 (Für den Dienstgebrauch als Manuskript gedruckt).

Das Kernresonanzmagnetometer als Prospektionsgerät in der angewandten Geophysik

(Mitteilung aus dem VEB Geophysik Leipzig)

H. WOLF & G. OLSZAK, Leipzig

Am Physikalischen Institut der Karl-Marx-Universität Leipzig wurde im Auftrag des VEB Geophysik ein Kernresonanzmagnetometer zur schnellen Präzisionsmessung der Totalintensität des magnetischen Erdfeldes entwickelt, das sich z. Zt. in Felderprobung befindet. Es arbeitet nach folgendem Prinzip:

Unter der Wirkung des Erdmagnetfeldes richten sich die Protonen einer Wasserprobe, wie sie in unserer Meßsonde verwendet wird, in ihrer Mehrzahl parallel zum Erdmagnetfeld aus. Somit existiert in Erdfeldrichtung ein kleiner magnetischer Vektor, der durch die Summe der Überschußkomponenten in dieser Richtung erzeugt wird, aber makroskopisch noch nicht nachweisbar ist. Wird nun auf die Probe ein Magnetisierungsfeld H angelegt, das senkrecht zum Erdmagnetfeld orientiert und wesentlich stärker als dieses ist, so baut sich eine makroskopisch nachweisbare Magnetisierung auf. Die Protonen werden parallel gerichtet und nach plötzlicher Abschaltung des Magnetisierungsfeldes bis zur Rückkehr in den Normalzustand zur Präzession um die Erdfeldrichtung angeregt. Die Präzession findet mit der Larmorpräzessionsfrequenz f statt, die dem Erdmagnetfeld F proportional ist. Es gilt:

$$2\pi f = \gamma_p F \qquad (1)$$

$$\text{wobei } \gamma_p = (26753{,}0 \pm 0{,}4)\ s^{-1}\,\Gamma^{-1}$$

das gyromagnetische Verhältnis von Protonen ist. Daraus läßt sich die geomagnetische Totalintensität F berechnen.

Aufbau des Gerätes

Das Protonenmagnetometer besteht aus der Meßsonde, 100 m abgeschirmtem Kabel, dem Hauptgerät und zwei Batteriekästen.

In der Sonde ist die Magnetisierungs- bzw. Empfangsspule mit der Wasserprobe (450 cm^3) untergebracht. Dabei dient der Spulenkörper gleichzeitig als Probengefäß. Das abgeschirmte Kabel verbindet die Sonde mit dem Hauptgerät. Die Anoden- und Magnetisierungsbatterien sind in fünf Kästen untergebracht, die in ein Winkeleisengestell geschoben werden. Die drei Heizbatterien befinden sich in einem tragbaren Holzkasten.

Einsatz des Gerätes

Das Kernresonanzmagnetometer wurde zur Verwendung für aeromagnetische Messungen entwickelt und wird z. Z. am Boden erprobt. Bei Durchführung der Bodenmessungen befindet sich das Gerät mit den Batterien in einem kleinen Kraftfahrzeug, während die durch das Kabel mit dem Gerät verbundene Sonde am jeweiligen Meßpunkt aufgestellt oder gehalten wird. Dieser muß mindestens 30 m vom Kraftfahrzeug entfernt sein, um die Meßergebnisse von Störeinflüssen frei zu halten. Der Sondenkörper ist handlich und kann von einer Person bequem gehalten werden.

Messungen und Meßgenauigkeit

Die Dauer einer Messung beträgt bei einer Genauigkeit von über $\pm 1\gamma$ etwa 8 Sekunden und wird durch kernphysikalische Vorgänge bestimmt. Bereits aus diesen Angaben zeigt sich die Überlegenheit des neuen Gerätes gegenüber der bisher üblichen Feldwaage. Weitere Vorteile des Gerätes liegen in der Einfachheit und Widerstandsfähigkeit des Sondenkörpers, der vor der Messung keiner Orientierung oder Einjustierung bedarf, sowie in der Gangfreiheit des Gerätes. Der am Magnetometer abgelesene Wert kann durch die oben angegebene Beziehung direkt in Absolutwerte der geomagnetischen Totalintensität umgerechnet werden.

Die Meßgenauigkeit sei im folgenden an einem am trigonometrischen Punkt Gottscheina nördlich von Leipzig vermessenen Versuchsprofil demonstriert (Abb.). An jedem Meßpunkt wurden drei Messungen ausgeführt, die der Erprobung der Genauigkeit des Gerätes dienen sollten. Aus der Darstellung ist ersichtlich, daß die Streubreite der drei Meßwerte an jedem Punkt maximal 1γ beträgt, an den meisten Punkten aber wesentlich niedriger liegt. Die hier noch enthaltene Fehlerbreite ist zum großen Teil auf den im gyromagnetischen Verhältnis für Protonen vorhandenen Fehler von $\pm 0{,}4\ s^{-1}\,\Gamma^{-1}$ zurückzuführen. Dieser mit der Ungenauigkeit im gyromagnetischen Verhältnis für Protonen eingehende Fehler kann theoretisch maximal $\pm 0{,}8\gamma$ erreichen, so daß bei den ungünstigsten, ohne Wiederholungsmessung ausgeführten Vermessungen ein maximal möglicher Fehler von $\pm 1\gamma$ nicht überschritten werden kann.

Anwendungsbereich

1. Aeromagnetik

Für aeromagnetische Zwecke ist das Kernresonanzgerät recht gut geeignet. Da es im Gegensatz zur Förstersonde von der Orientierung in bezug zum Magnetfeld relativ unabhängig ist, werden für die in einem Schleppkörper mitgeführte Sonde keine zusätzlichen Stabilisierungsvorrichtungen benötigt. Es ist lediglich zu beachten, daß die Sonde etwa in Ost-West-Richtung ($\pm 10°$) schwebt. Sollte sich bei recht schnellen Flugzeugen eine Meßdauer von 8 Sekunden als für die erforderliche Meßpunktdichte zu hoch erweisen, so ist es möglich, diese durch Verwendung einer paramagnetischen Flüssigkeit an Stelle der Wasserprobe auf 1 Sekunde zu verkürzen. Dadurch wird jedoch die Meßgenauigkeit auf $\pm 2\gamma$ herabgesetzt, was aber für großräumige Vermessungen vollkommen ausreicht.

Die auf dieser Grundlage geplanten aeromagnetischen Untersuchungen werden uns Aufschluß über tiefliegende geologische Strukturen geben, die bei Bodenmessungen durch oberflächennahe Inhomogenitäten verzerrt bzw. verdeckt werden können. Durch Messung in zwei Höhen ist es möglich, über dem Maximum der Anomalie Poltiefenbestimmungen durchzuführen und somit Angaben über die ungefähre Tiefenlage des magnetischen Störkörpers zu erhalten, was auf Grund

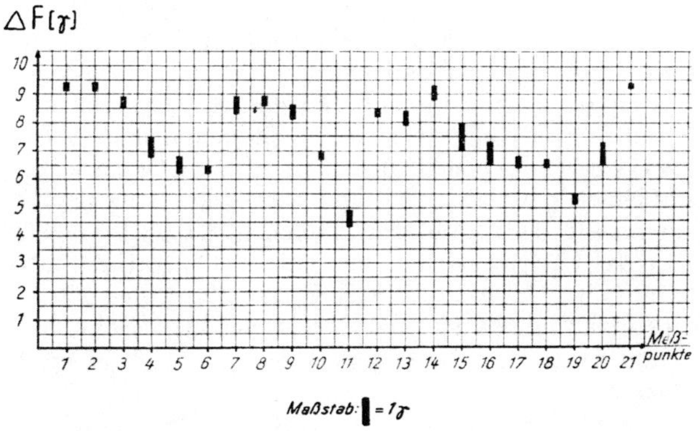

Darstellung der Streubreite von je drei Messungen am selben Punkt auf einem Versuchsprofil am trigonometrischen Punkt Gottscheina nördlich Leipzigs. Die Länge der Vertikalstriche gibt die Streubreite der Meßwerte am gleichen Punkt an.

der Einfachheit des Sondenkörpers auch bei Bodenmessungen möglich ist. Außerdem lassen sich bei Totalintensitätsmessungen die in einer Höhe gemessenen Feldwerte mit Hilfe entsprechender theoretischer Beziehungen nach oben und unten fortsetzen, so daß es auch bei Ein-Niveau-Messungen möglich ist, ungefähre Angaben über die Tiefenlage des Störkörpers zu erhalten.

Ökonomisch liegt der Hauptvorteil aeromagnetischer Untersuchungen in der Geschwindigkeit, mit der die Messungen ausgeführt werden können, und der sich daraus ergebenden Kosteneinsparung, die pro Profileinheit im Vergleich zu Bodenmessungen auf etwa 80% geschätzt wird. Dieser ökonomische Vorteil aeromagnetischer Untersuchungen hat sich bei der Durchführung entsprechender Messungen mit der Förstersonde in der Tschechoslowakischen Volksrepublik erwiesen.

2. Bodenmessungen

Bei Bodenmessungen erweist sich die Überlegenheit des Kernresonanzgerätes besonders bei mikromagnetischen Untersuchungen, deren Aufgabe es ist, die oberflächennächsten engbegrenzten Inhomogenitäten mit einer Amplitude bis zu 2 γ herab nachzuweisen. Auf Grund der Handlichkeit des Sondenkörpers und der kurzen Meßdauer ist es möglich, eine mikromagnetische Testfläche in relativ kurzer Zeit mit großer Punktdichte genau zu vermessen. Messungen in verschiedenen Höhen über der Testfläche geben uns darüber Auskunft, wo sich diese Mikroanomalien etwa auflösen.

Des weiteren eignet sich das Kernresonanzmagnetometer zur Durchführung von Spezialvermessungen, bei denen es bei relativ geringem Punktabstand auf möglichst hohe Genauigkeit ankommt. Werden diese in zwei Höhen über dem Erdboden durchgeführt (z. B. 1 m und 4 m), so läßt sich mit Hilfe der Höhendifferenz und den beiden Meßwerten über dem Maximum der Anomalie die Poltiefe des Störkörpers berechnen. Entsprechende Versuchsmessungen sind z. Zt. im Gange.

Abschließend kann festgestellt werden, daß das Kernresonanzmagnetometer sowohl zur Detailprospektion als auch für großräumige aeromagnetische Aufnahmen ein meßtechnisch und ökonomisch ausgezeichnet geeignetes Gerät darstellt.

Zur weiteren Vereinfachung des Meßvorganges soll bei zwei zur Zeit in Entwicklung befindlichen Geräten die Kabelverbindung zwischen der Registrierapparatur und dem Sondenkörper durch UKW-Verbindung ersetzt werden.

Literatur

FANSELAN, G.: Geomagnetismus und Aeronomie. — Bd. III, VEB Deutscher Verlag der Wissenschaften, Berlin 1959.

HERTZ, G.: Grundlagen und Arbeitsmethoden der Kernphysik. — Akademie-Verlag, Berlin 1957.

KLOSE, G.: Einige Bemerkungen zum Protonenmagnetometer. — Z. f. angew. Physik, Bd. 10/1958, Nr. 11, S. 495—497.

LAUTERBACH, R.: Mikromagnetik — ein Hilfsmittel geologischer Erkundung. — Wiss. Z. der Karl-Marx-Universität Leipzig. Jg. 3, Math.-nat. Reihe, H. 3, Leipzig 1953/54. h.

LÖSCHE A.: Experimentelle Technik bei der Untersuchung des Kernparamagnetismus. — Teil I, II und III.

— Experimentelle Technik der Physik. — Bd. I (1953) Nr. 1, S. 19—30, Nr. 2, S. 69—78; Nr. 3, S. 128—143.

Eine Ergänzung zum SM XX „Citoplast" (VEB Zeiss Jena) für das Auslesen von Mikrofossilien

ALFRED LUDWIG, Rostock

Beim Auslesen von Mikrofossilien aus Schlämmrückständen leistet das vom Verf. seit einiger Zeit benutzte und leicht herzustellende Auslesenäpfchen gute Dienste (Abb.). Benötigt werden dazu: ein dickerer Draht, ein kleiner, ungefähr 1 mm starker Blechstreifen (am besten Kupfer oder Messing), der becherartige Aluminiumdeckel eines Präparatengläschens von 10—12 mm Durchmesser und etwas Einziehgummi.

Vom Deckel des Präp.-Gläschens wird soviel abgefeilt, daß ein 2—3 mm tiefes Näpfchen übrig bleibt. Dieses befestigt man auf dem einen, hakenförmig umgebogenen und möglichst flach geklopften Ende des Drahtes (Kleben mit Kittifix genügt). Das andere Ende des Drahtes wird mit einem Blechbügel verlötet, der zur Befestigung des kleinen Gerätes an der Optik des SM XX dient. Dazu wird dem Blechstreifen eine Rundung gegeben, die derjenigen der breiten Ringnut an der Optik entspricht. Die Enden des Bügels werden etwas nach außen abgebogen und mit Schlitzen versehen. Durch diese wird das Gummiband gezogen und schlaufenartig am Bügel befestigt. Die erforderliche Länge und Biegung des Drahtes erhält man durch Probieren, bis der Rand des Näpfchens gerade am Rande des Gesichtsfeldes erscheint. Den Blechstreifen für den Bügel wählt man zweckmäßig etwas schmaler, als die ringförmige Nut an der Optik breit ist, so daß eine geringe Verschiebung des Näpfchens in vertikaler Richtung möglich ist.

Das kleine Gerät, das die Spannung des Gummibandes an der Mikroskopoptik festhält, kann nach kurzer Übung ohne Verlust des Näpfcheninhaltes, durch Abziehen und Abstreifen des Gummibandes von der

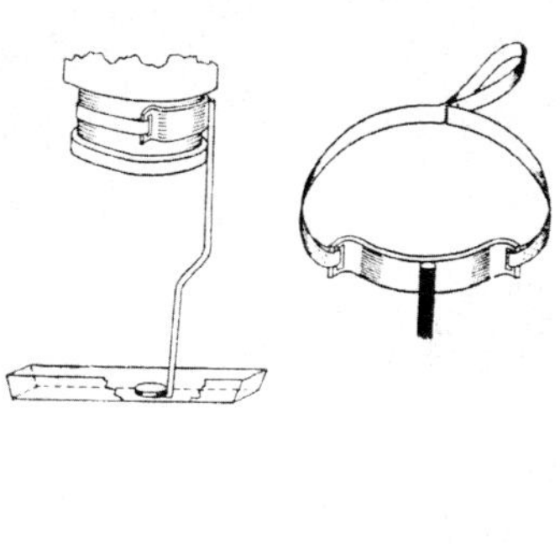

Ergänzungsvorrichtung zum SM XX „Citoplast" (VEB Zeiss Jena)

Optik nach unten, mühelos abgenommen werden. Bis das Gummiband abgestreift ist, drückt man mit zwei Fingern der anderen Hand den Blechbügel an den gespreizten Enden leicht gegen die Optik und hebt dann ab. Eine abgenähte Schlaufe in der Mitte des Gummibandes erleichtert dies.

Nach erneuter Anbringung und Scharfeinstellung des Lesegutes ist das Näpfchen, das die Vertikalbewegungen der Optik mitmacht, wieder richtig im Gesichtsfeld. Höchstens eine kleine Vertikalkorrektur, entsprechend dem gewählten Spielraum des Haltebügels in der Nut, wird erforderlich. Diese Ausweichmöglichkeit erweist sich als praktisch, wenn das Auslesegut gröbere Teilchen enthält, die bei zu geringem Abstand zwischen Ausleseplatte und Auslesenäpfchen von diesem weggeschoben werden bzw. sich zwischen beiden einklemmen.

Bei Verwendung der Objektive 1,6 und Okulare 6,3 befindet sich reichlich ein qcm der Ausleseplatte im Gesichtsfeld. Der Rand des Näpfchens ist noch scharf, wenn das Lesegut scharf eingestellt ist. Nach Umschalten auf die Objektive 2,5 wird der Rand des Näpfchens etwas unscharf, jedoch läßt sich das ordnungsgemäße Abstreifen der Objekte noch einwandfrei kontrollieren.

Phtalopal G zum Präparieren dünnschaliger Lamellibranchiaten

HANS DIETZE, Gommern

Die einwandfreie Bestimmung und Bearbeitung der Lamellibranchiaten aus Sedimenten mit überwiegend tonigem Bindemittel, die in Schalenerhaltung vorliegen, ist meist von der Möglichkeit abhängig, die Schalen von allen Seiten beobachten zu können. Der Verfasser hatte in den zurückliegenden acht Monaten die Kreidefossilien aus Erdölbohrungen der DDR zu bearbeiten.

Besonders bei den im Apt und Alb auftretenden Aucellinen gelang die Freilegung des Schlosses nur sehr selten. Meist zerbrach selbst bei vorsichtiger, langwieriger Präparation die Schale, und wertvolle Fossilien konnten nicht einwandfrei bestimmt werden. Auch Härtung der Schale durch verschiedene Lacke brachte kein befriedigendes Resultat. Im Phtalopal G (LÖFFLER, 1952) wurde dann ein Mittel gefunden, das sich zur Präparation und Einbettung dieser Schalen gut eignet. Mit Hilfe dieses Mittels wurde die Präparation und Einbettung in folgender Weise vorgenommen:

Die meist mit der Schalenwölbung nach oben liegende Muschel muß oberflächlich freipräpariert werden, was mit den üblichen Methoden bei diesen leicht löslichen Sedimenten ohne Schwierigkeiten zu erreichen ist.

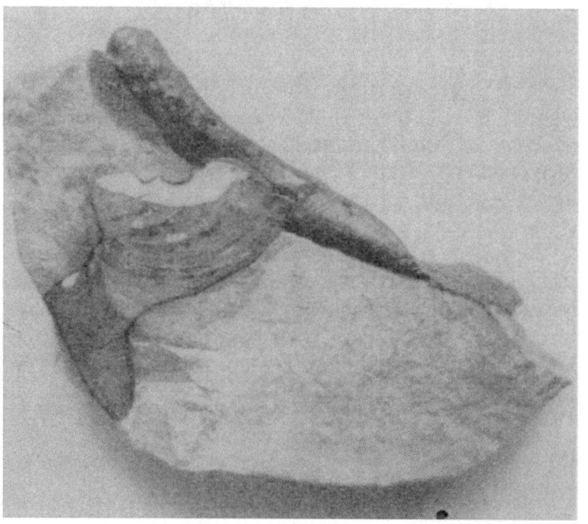

Abb. 1. Tonstein mit der Schale einer Aucellina aus dem oberen Apt. Die Schale ist mit Phtalopal G übergossen. Oben rechts verhindert Plastilin das Herunterlaufen des Kunstharzes

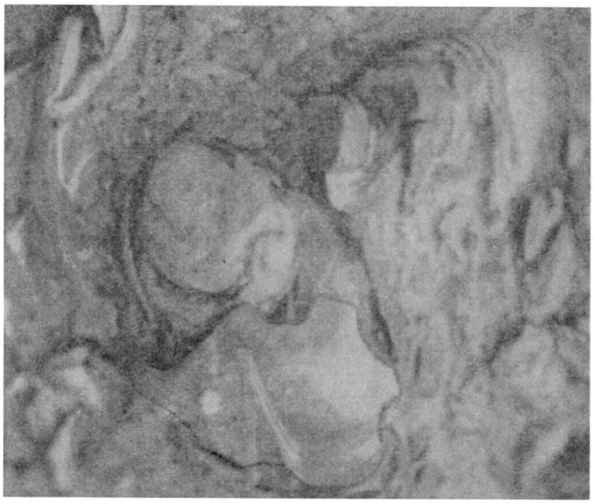

Abb. 2. Der Tonsteinkern bereits im Wasser zerfallen. In der Mitte die mit Kunstharz überzogene Schale

Nachdem die Probe gut durchgetrocknet ist, erfolgt die Reinigung der Schale mit Aceton. Während eine kleine Menge Phtalopal G in einer Porzellanschale erwärmt wird, legt man das Objekt auf eine erwärmte Platte (Fossil und Kunstharz — Phtalopal G — sollen etwa gleich temperiert sein) (LÖFFLER, S. 389). Das warme, flüssige Kunstharz wird nun vorsichtig auf die Schale der Muschel gegossen. Vorteilhaft ist es, das Fossil nur mit einer dünnen Schicht zu bedecken. Es ist darauf zu achten, daß das Phtalopal G nicht zu stark erhitzt wird, da dann leicht Blasen auftreten, die im fertigen Präparat stören. Fossilien, die am Rande eines Kernes oder Handstückes liegen, werden zweckmäßigerweise mit einem Plastilinring umgeben, so wird ein Auslaufen der Gußmasse verhindert (Abb. 1). Nach dem langsamen Erkalten wird die Probe in Wasser eingeweicht, bis sich die Schale vom Sediment gelöst hat. Tonige Mergel aus dem Unteralb zerfielen in zwei bis drei Stunden vollständig (Abb. 2). Die Reinigung der nicht im Phtalopal eingeschlossenen Schalenseite wird mit feinen Nadeln, Pinsel und Wasser oder Aceton vorgenommen. Jetzt kann der kleine Phtalopalblock mit der anhaftenden Muschelschale so auf einen Objektträger gelegt werden, daß die unpräparierte Seite oben

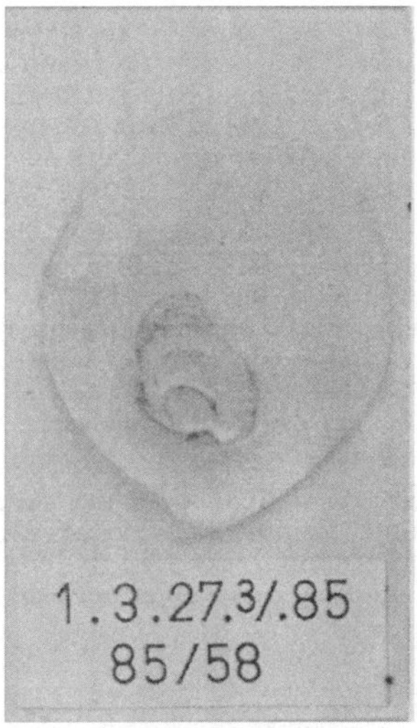

Abb. 3. Objektträger mit der durch Kunstharz aufgekitteten Schale

liegt. Der Objektträger mit dem Präparat wird auf einer warmen Platte erhitzt, bis die unterste Schicht Phtalopal G flüssig wird. Auch hier muß darauf geachtet werden, daß sich das Kunstharz nicht zu stark erhitzt. Besonders bei Schalen, die ursprünglich mit der Wölbung nach unten lagen, sammeln sich die Blasen unter der Wölbung an und beeinträchtigen die Beobachtungsmöglichkeit. Der Objektträger wird mit einer Pinzette von der Platte genommen und langsam abgekühlt (Abb. 3). Die freiliegende Seite der Schale kann zusätzlich mit Lack gehärtet werden. Im fertigen Präparat ist die ursprünglich freiliegende Seite eingebettet, und die Kehrseite liegt obenauf (Abb. 4). Die Beobachtungsmöglichkeit wird durch Phtalopal G nicht beeinträchtigt. Weiterhin lassen sich die Präparate bei Verwendung kleiner Objektträger (4,7/2,8 cm) in den Mikropräparatetafeln sicher aufbewahren.

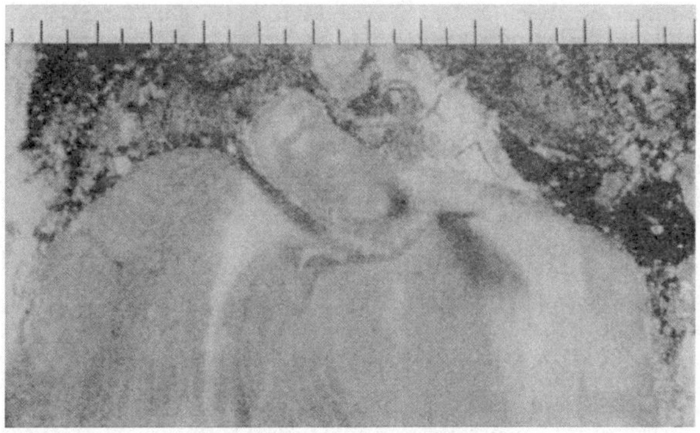

Abb. 4. Schloßpartie mit Vorderohr einer Aucellina aus dem Oberapt. Diese Innenseite der Muschel war ursprünglich im Sediment eingebettet

Literatur

LÖFFLER, KARL: Phtalopal G, ein neues synthetisches Einbettungsmittel. — Geologie H. 5, Jahrg. 1, S. 384—389, Berlin 1952.

Lesesteine

Die Grenze zwischen Europa und Asien[1])

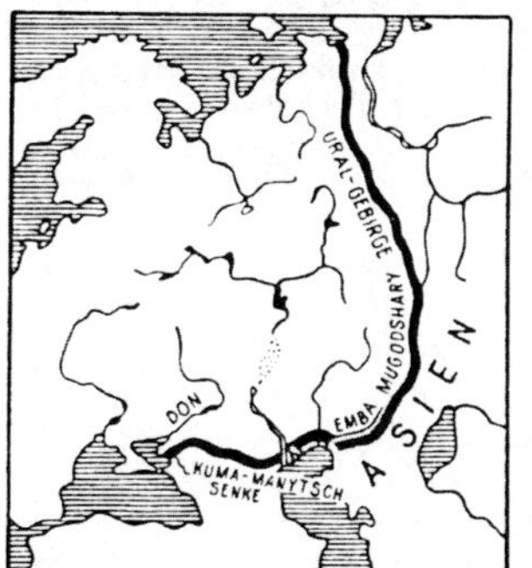

Die Moskauer Abteilung der Geophysikalischen Gesellschaft der UdSSR hat sich eingehend damit beschäftigt, eine natürliche Grenze zwischen Europa und Asien festzulegen, in der die Geologie des Landes zum Ausdruck kommt. Es wurde beschlossen, den bisherigen Unzulänglichkeiten bei der Grenzziehung abzuhelfen und die Grenze zwischen Europa und Asien so zu vereinbaren, daß der Ural und der Kaukasus nicht in einen europäischen und einen asiatischen Teil aufgespalten werden. Es wurde daher empfohlen, die Grenze zwischen Europa und Asien über den östlichen Fuß des Uralgebirges und des Mugodschargebirges, dann längs des Flusses Emba, an der Nordküste des Kaspisees entlang, durch die Kuma-Manytsch-Senke und die Straße von Kertsch zu führen (Abb.).

Danach gehört also jetzt der Ural völlig zu Europa und der gesamte Kaukasus zu Asien. Das Asowsche Meer gehört demnach zu Europa.

Diese Lösung des Problems der Grenzziehung zwischen Europa und Asien wird von allen geographischen Karten, die zu Lehrzwecken herausgegeben werden, und in allen Lehrbüchern für Geographie ihren Niederschlag finden.

E.

[1]) „Wokrug Sweta" Nr. 4/1959.

Europa muß lernen

Das „Europäische Parlament" gibt in seinem Dokument Nr. 32, 1959, interessante Einzelheiten über die wissenschaftliche und technische Forschung im Rahmen der Europäischen Gemeinschaft „Kohle und Stahl". Die Länder der Gemeinschaft geben für die Forschung auf dem Eisen- und Stahlsektor zwischen 0,20 und 0,45 Dollar je erzeugte Tonne Rohstahl aus. In den USA betragen die Aufwendungen wahrscheinlich mehr als einen Dollar die Tonne. „Über Rußland besitzen wir keine Angaben, denn dieses Land ist auf allen Gebieten äußerst verschwiegen. Man darf jedoch in Anbetracht der Personalzahlen der staatlichen Forschungsstellen annehmen, daß der Satz, der dieser Forschung gewidmet wird, etwa dem der Vereinigten Staaten entspricht."

„Europa ist also im Rückstand und hat oft das Beispiel der USA und der UdSSR nachahmen müssen. So hat Europa nach dem Zweiten Weltkrieg die amerikanischen kontinuierlichen Walzwerke für Massenproduktion übernommen und ist gegenwärtig dabei, hinsichtlich der neuen Techniken des Hochofenbetriebs dem Beispiel sonstiger hochindustrialisierter Länder zu folgen."

„Die Nachahmung kommt im übrigen teuer zu stehen. Einmal ist ein hoher Preis für die eingeführten Maschinen oder Baulizenzen zu zahlen. Noch weit höher könnte der Preis aber sein, wenn man die neuen technischen Verfahren des Ostens übernehmen und damit die Überlegenheit eines politischen Systems anerkennen müßte, das niemand in Europa herbeiwünscht."

Einen Augenblick, meine Herren, vom Europäischen Parlament! Auch wir in Berlin sind Deutsche und Europäer! Und wir werden uns gestatten, nach wie vor die wirtschaftliche Überlegenheit der Sowjetunion anzuerkennen. Wir werden alles tun, um aus dieser Überlegenheit in fester Freundschaft weitgehendsten Nutzen für den Aufbau unserer eigenen sozialistischen Wirtschaft zu ziehen. Wir haben aus der Geschichte gelernt!

e.

Teerkuhle Hänigsen

1546 wurden von GEORG AGRICOLA die Hänigser Teerkuhlen beschrieben. 1900 wurde in diesem Gebiet die erste fündige Erdölbohrung niedergebracht. Aus der Karte, die wir R. LINDENBERG: „Das Erdölgebiet Hänigsen-Nienhagen früher und heute", Bergbau-Rundschau 1959, S. 306, ent-

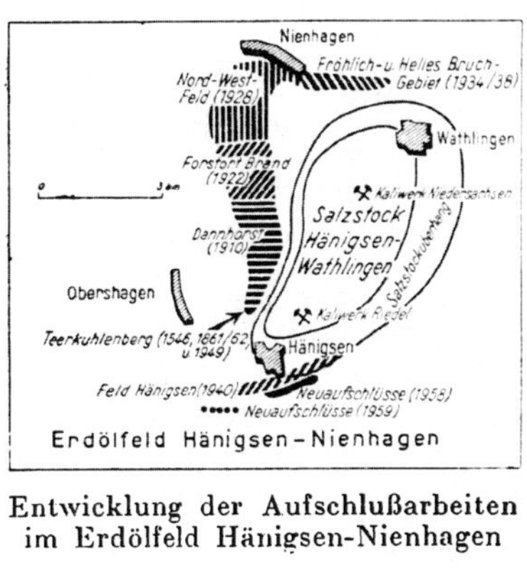

Entwicklung der Aufschlußarbeiten im Erdölfeld Hänigsen-Nienhagen

nommen haben, geht hervor, daß zunächst der Westrand des Salzstockes erkundet wurde. 1934/1938 wurde sein Nordrand, ab 1940 bis jetzt sein Südrand untersucht.

Bis 1928 wurde man in Tiefen von 200—700 m fündig. Von da an erreichte man beim Aufschluß der Valendis-, Wealden- und oberen Doggersandsteine 650—1300 m. Teilweise lagen alle 3 Ölträger übereinander. 1934 förderte Hänigsen-Nienhagen 77% der gesamtdeutschen Jahresgewinnung. In den am Nordhang des Salzstockes gelegenen Fröhlich- und Helles-Bruch-Feldern erreichte man die ölführenden Horizonte erst in Teufen über 1500 m. 1938 erzielte man die größte Jahresgewinnung mit fast 358000 t.

1940 wurde am südlichen Salzüberhang ein neues Teilfeld von 50 m Breite und 4 km Länge angefahren. Gerade auf dieses Feld setzt man heute die größten Hoffnungen für die Zukunft. Im gesamten Erdölgebiet Hänigsen-Nienhagen sind von 1904 bis 1958 etwa 6 Mio t Erdöl gefördert worden.

Die Geschichte dieser Aufschlußarbeiten an den Hänigser Teerkuhlen ist beachtenswert. Sie vollzog sich in Etappen, die dadurch gekennzeichnet waren, daß man durch tiefergehende Bohrungen stets neue Feldesteile aufschloß. Es gibt heute noch einige Erdölgeologen, die die Ansicht vertreten, daß eine Erdöllagerstätte erst dann produktionsreif ist, wenn ihr Gesamtumfang erkundet ist und ihre Vorräte aufs genaueste berechnet sind.

Hätten die früheren Spezialisten nach dieser Methode in Hänigsen-Nienhagen gearbeitet, dann könnten wir zwar heute wie vor 400 Jahren zu Zeiten AGRICOLAs die Teerkuhlen in Hänigsen bewundern, die 6 Millionen Tonnen Rohöl würden aber weiter im Erdinneren ungenutzt lagern. Dieser wichtige Energierohstoff würde somit der Wirtschaft so lange vorenthalten bleiben, bis die Erkundung der Gesamtlagerstätte restlos abgeschlossen ist.

Jeder Geologe auf dem Erdölsektor sollte daher anstreben, die schnellste Aufnahme der Produktion auf neu erkundeten Strukturen zu befürworten. Ein ermunterndes Beispiel gibt hierfür die Geschichte der Erkundung der Hänigser Erdöllagerstätte. E.

Besprechungen und Referate

KREMS, A. J.

Grundzüge des geologischen Aufbaus der Provinz Timan-Petschora und die Perspektiven der Sucharbeiten auf reiche Erdgas- und Erdöllager

„Geologija nefti" H. 10, 1958, S. 1—8

Das Tima-Petschora-Gebiet besitzt ein spätproterozoisches Fundament, das aus einer mächtigen Schichtenfolge präkambrischer metamorpher Schiefer aufgebaut ist. Es umfaßt folgende tektonische Einheiten: 1. den Timan-Gebirgszug; 2. den Petschora-Wall; 3. die Petschora-Depression (Petschora-Senke); 4. das Ussa-(Bolschesemelski-)Gewölbe; 5. die Ural-Vortiefe (genauer die Ural-Pajhoi-Vortiefe). Der Arbeit ist eine Karte der Strukturen, Erdgas- und Erdöllagerstätten (insgesamt 44) der Komi-ASSR beigegeben. Für die Förderung vorbereitet, aber vorläufig noch nicht ausgewertet, sind die Erdgaslagerstätten Sewero-Sedjelskoje, Njamodskoje und Kuschkodskoje im Bereich der Erhebung Ishma-Omrinskoje und die Schweröllagerstätte Jugidskoje in den Petschora-Bergen. Allein 1956 wurden 3 neue Lagerstätten entdeckt: die Erdgas/Erdöllagerstätte Dshebol, die Erdöllagerstätte Sewero-Mylwinsk und die Erdgaslagerstätte Sapadno-Iskosgorinskoje. In der Lagerstätte Dshebol treten produktive Horizonte im Ober- und Mitteldevon sowie in den terrigenen Ablagerungen des Unterkarbons in einer Gesamtmächtigkeit von über 500 m auf. Die durchschnittliche Tagesförderung aus eruptiven Erkundungsbohrungen erreichte in Dshebol etwa 1 Mio m³ Kondensatgas und 150 t Erdöl. Das beweist, daß auch das Becken der oberen Petschora sehr gut höffig ist.

In der Timan-Geosynklinale lagerten sich Sedimentschichten von 5000—6000 m Mächtigkeit ab, davon etwa 4000 m im Devon, die dann am Ende des Paläozoikums einer Orogenese unterworfen wurden. Nach Ablauf der orogenetischen Prozesse bildete sich die Timan-Geosynklinale in ein junges Tafelgebiet um.

Der Autor ist der Ansicht, daß das Erdgas/Erdölgebiet Timan-Petschora eine nördliche Fortsetzung des Wolga/Uralgebietes darstellt. Hingewiesen sei noch auf das der Arbeit beigegebene ausführliche „zusammenfassende stratigraphische Profil des Timan-Petschora-Gebietes". E.

HECHT, F.

Migration, Tektonik und Erdöllagerstätten im Gifhorner Trog (Nordwestdeutschland)

„Erdöl und Kohle", Mai 1959, S. 303—315

Umfangreiche geologische Erkundungsarbeiten auf Eisenerze und Erdöl verbunden mit einer intensiven reflexionsseismischen Vermessung gaben gute Voraussetzungen für eine grundlegende erdöllagerstättenkundliche Betrachtung des Gifhorner Troges. Zur Zeit sind in diesem Raum 28 Erdölfelder mit zum Teil für die westdeutsche Wirtschaft bedeutender Förderung bekannt (Abb. 1 und Tabelle).

Die Konzentration von Erdöllagerstätten im Gifhorner Trog ist begründet in der speziellen geologischen Entwicklung als Senkungsgebiet mit zeitlich veränderter Lage der Trogachse, in dem erdölgeologisch besonders die Sedimentation einer mächtigen Juraschichtenfolge von Bedeutung ist. Wie die Tabelle zeigt, kommen infolge ihrer günstigen petrophysikalischen Eigenschaften als Speichergesteine besonders die Sandsteine des Lias, des Rät, des Dogger beta und der Unterkreide in Betracht.

Die Migration des Erdöls in die verschiedenartigsten Fangstrukturen ist eng verknüpft mit der tektonischen Geschichte des Gebietes. Besonders die Trogränder haben infolge ihrer relativen Hochlage und speziellen Fazies-

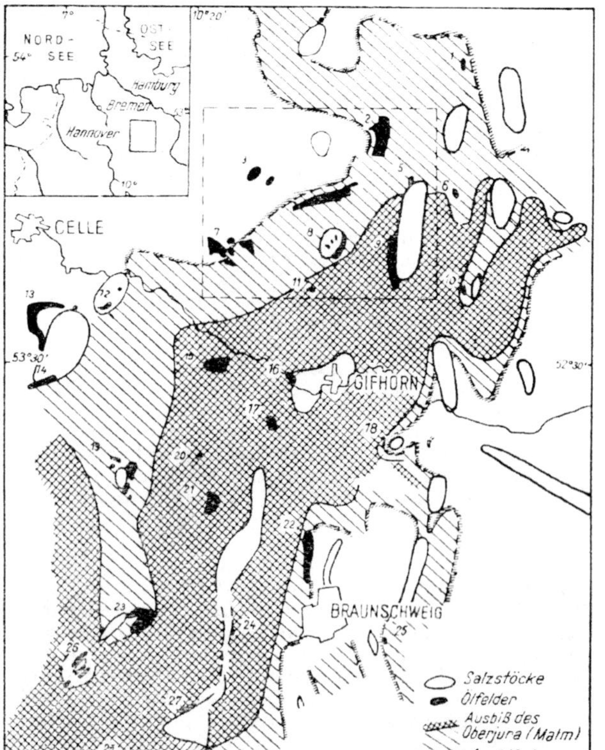

Entwicklung der Erdölförderung im Gifhorner Trog

Nr. in Abb. 1	Ölfeld Name	Entd.-Jahr	Typ	Lagerstätte Prod. Horizont	Lage zum Trog¹)	Kum. Förd.²) t
19	Eddesee-Ölheim	1876	Salzstockflanke	Unterkreide, Lias, Rhät	P	525409
23	Oberg	1919	Transgressionsfalle nahe Salzst.-Flanke	Dogger	P	399283
16	Gifhorn	1935	Salzstocktop	Unterkreide	C	57047
26	Mölme	1935	Salzstockflanke	(Korallenoolith) Malm	P	165726
27	Broistedt	1937	Salzstockflanke	Unterkreide	C	70800
12	Eicklingen	1937	Salzstockflanke	Unterkreide	P	343352
10	Ehra	1939	Transgressionsfalle nahe Salzst.-Flanke	Dogger	P	12038
8	Wesendorf	1943	Salzstocktop Salzstockflanke	Neokom, Lias, Rhät, Dogger, Lias	C	965500
28	Hohenassel	1943	Salzstockflanke	(Korallenoolith) Malm	P	337632
18	Calberlah	1945	Tekton. u. Transgressionsfalle nahe Salzst.-Flanke	Dogger (u. Pleistozän)	P	8654
3	Eldingen	1950	Antiklinale mit Störungen	Lias	P	736805
7	Hohne	1951	Antiklinale mit radial. Störungen Transgressionsfalle	Lias, Oberrhät, Mittelrhät Dogger	P	1176175
9	Vorhop	1952	Salzstockflanke	Dogger	C	173493
2	Hankensbüttel	1954	Tekton. u. Transgressionsfalle	Dogger (Barrême: 1 Bhg)	P	1041442
4	Örrel-Süd	1954	Transgressionsfalle	Dogger	P	136149
22	Rühme	1954	Transgressionsfalle	Dogger	P	115589
21	Meerdorf	1954	Faziesfalle mit Störungen	Dogger (Alb u. Dogger je 1 Bohrung)	C	3939
24	Vechelde	1954	Salzstockflanke	Dogger	C	2204
4	Wesendorf-Nord	1955	Transgressionsfalle	Dogger	P	39973
1	Lüben	1955	Transgressionsfalle	Dogger	P	115690
25	Rautheim	1955	Transgressionsfalle	Dogger	P	745
17	Leiferde	1956	Störungsfalle	(Valendis) Unterkreide	C	105898
20	Rietze Dogger	1956	Faziesfalle	Dogger	C	537
15	Hardesse	1957	Faziesfalle mit Störungen	Dogger	C	4001
6	Vorhop-Kneseb.	1958	Störungsfalle	Dogger	C	104
11	Wesendorf-Süd	1958	Störungsfalle	Dogger	C	154

¹) P = peripher, C = zentral. ²) Bis 31. Dezember 1958.

verhältnisse sowie großen tektonischen Beanspruchung für die Migration und die Lagerstättenbildung erstrangige Bedeutung erlangt. An Hand vieler Beispiele legt der Verfasser den Zusammenhang zwischen Tektonik, Migration und Erdöllagerstätten im Gifhorner Trog in überzeugender Weise dar.

KNAPE

HUANG JUI-CHANG

On the tertiary stratigraphy, its petrological charakteristics and oil possibilities of the western Tsaidam

„Acta Geologica Sinica", 39, 1959, S. 1—22

Die tertiären Ablagerungen des Tsaidam-Beckens sind kontinentaler Herkunft. Ihre stratigraphische Einteilung ist folgende:

Oligozän: vorwiegend grüne Tone mit Einlagerungen von Mergeln, Kalksteinen und pyritischen Schichten;

Miozän: bräunlich-rote Tone mit Einlagerungen von Kaolinen, Kalksteinen und kupferhaltigen sandigen Kalken;

Pliozän, unteres: bräunlich-rote Tone im zentralen Teil des Beckens mit Einlagerungen von Gips, Glauberit, Steinsalz und gipsführenden Kalksteinen;

Pliozän, oberes: an den Randgebieten des Beckens graue Konglomerate im Zentralgebiet, mächtige Ablagerungen von Gips, Glauberit, Steinsalz, gipsführenden Kalksteinen und oolithischen Schichten.

Die Ölhöffigkeit des Beckens kann folgendermaßen beurteilt werden: Die günstigsten Perspektiven ergeben gut abgedeckte Strukturen mit Ölspeichern wie Lengha, Mahai u. a.; weniger günstige Kluftlagerstätten mit Ölaustritten an der Erdoberfläche wie Mongyen, die Randgebiete des Altin-Tagy u. a.

E.

Exploration. Special report

Petroleum Week, 1959, March 13, S. 42—61

Redaktioneller Bericht über augenblickliche Probleme und Entwicklungen auf dem Gebiet der Erdölerkundung. Die zwei Hauptprobleme:

1. Wie kann man die Prospektion billiger und wirkungsvoller gestalten?

2. Wie kann man stratigraphische Fallen lokalisieren?

Ein entscheidender Durchbruch zur Lösung der letzteren Frage ist bisher noch nicht in Sicht, vielleicht ist er weniger von der Geophysik als von der Geochemie und Sedimentpetrographie zu erwarten. In Entwicklung befindet sich eine Methode, welche den höheren Widerstand der Öllagerstätten für die Oberflächenprospektion ausnutzen will (mit kontinuierlichem Gleichstrom). Tiefenreichweite soll eine Meile betragen, die Entwickler selbst halten sie aber nur in geologisch günstigen Gebieten für anwendbar. Weiter befindet sich ein Bohrlochgravimeter für fortlaufende Registrierung in Entwicklung. Das Akustiklog kann ferner als Beitrag gelten für die bessere Interpretation von Bohrungen und seismischen Messungen. Mit Hilfe der synthetischen Seismogramme besteht eine wertvolle Korrekturmöglichkeit, so daß möglicherweise die kleinen Geschwindigkeitsänderungen in stratigraphischen Fallen ermittelt werden können. Neu ist auch ein Gerät, „Sparker" genannt, ähnlich dem bereits bekannten „Sonoprobe", das kontinuierliche Profile zeichnet wie Echolot oder Sonoprobe, es benutzt aber zur Wellenerzeugung einen elektrischen Funken von 12000 V. Tiefenreichweite über See etwa 400 bis 1200 Fuß. Neue Aufstellungsschemen für Geophone sind zur Bekämpfung von Oberflächenwellen in Entwicklung. Schuß und Geophone wandern dabei kontinuierlich voneinander weg, die Aufzeichnungen werden magnetisch überlagert. Eine gute Entwicklung hat auch die Wellenanregung mit fallenden Gewichten genommen. Aber auch hier sind einigermaßen gute geologische Verhältnisse erforderlich. Experimente mit Radiowellen gehen weiter, ein Erfolg ist noch nicht zu verzeichnen. In manchen Gegenden wurde die Refraktionsmethode wieder mit Erfolg aufgenommen. Zur Verbilligung tragen schließlich kleine tragbare seismische Geräte bei, die nur 57 lb wiegen und nur $^1/_3$ der großen kosten.

R. MEINHOLD

SCHEIDEGGER, A. E.

Principles of Geodynamics

Springer-Verlag, Berlin, Göttingen, Heidelberg 1958, XII, 280 S., englisch

In diesem sehr interessanten Werk werden die bekanntesten Theorien der Geodynamik in ihren Grundzügen dargelegt. Dabei geht der Verf. besonders auf die physikalischen bzw. geophysikalischen Voraussetzungen der verschiedenen Hypothesen ein. Er bezeichnet vor allem die Kontraktionstheorie und die Unterströmungshypothese in ihren verschiedenen Varianten als die beiden Hauptbewerber auf den Anspruch, die „wahre Theorie über die Entwicklungsgeschichte der Erdkruste zu sein". In den ersten Kapiteln gibt SCHEIDEGGER eine gute Übersicht über die Struktur der Kontinente und Tiefseetafeln. In den folgenden Kapiteln werden besonders die geophysikalischen Probleme der Schwereanomalien, der Isostasie, der Seismologie und des schalenförmigen Aufbaues der Erde behandelt. Auf der Grundlage dieser geophysikalischen Untersuchungen wird die Mechanik der Deformationen der Erdkruste in ihren verschiedenen Erscheinungsformen eingehend behandelt. Der Verf. gibt auf Grund des neuesten Standes der geophysikalischen und geologischen Wissenschaften eine gute Übersicht über die möglichen Kräfte und Ursachen der Deformationen. Dabei wird u. a. die Möglichkeit des Auftretens von Konvektionsstromsystemen in den verschiedenen Tiefenstockwerken der Erde untersucht.

Nach der eingehenden Darlegung der Prinzipien der Geodynamik kommt SCHEIDEGGER zu dem Schluß, daß man heute noch keine klare Entscheidung zugunsten der Kontraktionstheorie, der Konvektionsstromtheorie bzw. einer anderen geotektonischen Hypothese treffen könne. Keine dieser heute bekanntesten Theorien ist in der Lage, alle Tatsachen im Aufbau und der Struktur der Erdkruste und den Sitz der Ursachen der Krustenbewegungen zu geben. Es wird noch lange dauern, bevor über die Grundprobleme der Geodynamik eine befriedigende Klärung erzielt werden wird.

HESS

APFELBECK, H.

Der Erzbergbau Wabana in Neufundland

„Berg- und Hüttenmännische Monatshefte" 104/1959, S. 57—62

Der Verfasser beschreibt eingehend den Eisenerzbergbau Wabanas, der auf der etwa 7 km langen und 3 km breiten Insel Bell Island in der Conceptionbai im äußersten Osten Neufundlands, unweit der Hauptstadt St. Johns, umgeht.

Die Insel ist aus Schichten der Bell Island- und der Wabanagruppe des Ordoviziums aufgebaut. Seine Lagerung ist regelmäßig, seine Mächtigkeit ca. 2500 m, das Liegende bildet Oberkambrium mit einem Einfallen von ca. 10° nach NW. Die Eisenerzflöze, die aus oolithischem Hämatit und Chamosit, stellenweise auch aus Siderit bestehen, lagern konkordant in den aus Flachwasser abgelagerten Sedimenten. Drei Eisenerzflöze werden abgebaut, und zwar das Unterflöz mit ca. 10 m Mächtigkeit, etwa 70 m über ihm das 5 m mächtige Mittelflöz und das 10—15 m höher lagernde Oberflöz, das meist 10—15 m mächtig wird.

Die Grube hat eine Ausdehnung von 5 km streichender Länge und 4 km im Einfallen; das ist eine Fläche von 20 km², so daß mit 2 Mrd. t an sicheren Vorräten gerechnet wird. Das Wascherz führt 50—52% Fe unter 12% SiO_2 und weniger als 0,15% S.

Vom Rand des Grubenfeldes werden zur Untersuchung seiner Fortsetzung unter dem Meeresboden Kernbohrungen unter Tage in die Hangendschichten der Erzflöze angesetzt, die sich allmählich in Form einer Parabel nach abwärts biegen und nach etwa 1500 m Bohrlochlänge Neigungswinkel von 45° und mehr erreichen. Sie durchörtern die flacher einfallenden Erzflöze, deren Kerne es somit ermöglichen, die Flözfortsetzung mehr als 1 km über die vordersten Aufschlußstrecken hinaus zu beurteilen.

Das Roherz wird durch Bandförderung mit einer Geschwindigkeit von 2,5 m/sec zutage gebracht. Es werden zur Zeit etwa 13000 t Erz pro Tag gefördert. Die Erzgewinnung erfolgt nach dem Kammerpfeilerbau, wobei etwa 50% des Erzflözes abgebaut werden, die Hälfte als Stützpfeiler stehenbleibt.

E.

Plan der Hohen Behörde zur Koordinierung der Energiepolitik

„Europäische Gemeinschaft für Kohle und Stahl", 7. Gesamtbericht über die Tätigkeit der Gemeinschaft. Luxemburg 1. 2. 1959, Kap. III, §§ 1 und 2, Ziff. 86—100

In der Energiepolitik, die als wesentlicher Teil der Wirtschaftspolitik hingestellt wird, muß man zwischen chemischer, mechanischer und thermischer Energie unterscheiden. Bisher gingen die Vorschläge darauf hinaus, aus Furcht vor einem Steigen des Energiedefizits eine Ausweitung der europäischen Kohleförderung zu empfehlen. Der Fehler dieser Konzeption war, daß man dem Erdgas keine große Bedeutung in der Entwicklung der Energiewirtschaft zugeschrieben hatte und deshalb alle Hoffnungen auf die Atomenergie setzte, die die als unvermeidlich erscheinenden Energielücken schließen sollte.

Zur Zeit erscheint dem lothringischen Kohlenbergbau das Vordringen von Erdöl und Erdgas so bedrohlich, daß er in Paris um den Schutz seines ostfranzösischen und süddeutschen Marktes nachgesucht hat. Man verlangt, daß in die gegenwärtig „chaotische Lage" Ordnung gebracht werden soll, indem man spontan die Investitionstätigkeit in die erforderliche Richtung lenkt. Zwar ist heute noch die Hauptenergiequelle Europas die Kohle. Man muß aber damit rechnen, „daß im Jahre 1975 die in der Gemeinschaft geförderte Kohle nicht einmal mehr die Hälfte des gesamten Energiebedarfs decken wird".

In dem Bericht wird weiter gefordert, daß sich die Hohe Behörde ein Urteil über die Perspektiven der Erdölförderung und der Erdgasgewinnung in Nordafrika und der Sahara und über die heute noch kaum übersehbare Erschließung weiterer Energiequellen Afrikas möglichst bald verschaffen muß.

E.

SZYMASZEK, J. u. a.

Investitionsplanung der polnischen Kohlenindustrie

„Przeglad Górniczy" (Katowice) Bd. 15 (1959) H. 1/2, S. 20—25

Im Jahre 1975 müssen nach dem Plan rd. 136 Mio t Brennstoffe (Kohle, Torf, Holz, Erdöl, Erdgas usw.) mit einem Durchschnittsheizwert von 7000 kcal zur Verfügung stehen. Da die polnische Steinkohle nur einen Heizwert von 5500 und die Braunkohle einen solchen von 1500 kcal hat, müssen 130 Mio t Steinkohle und 60 Mio t Braunkohle gefördert werden.

Im Steinkohlenbergbau werden 30 neue Produktionseinheiten mit durchschnittlich 4000 t Tagesleistung gebaut werden. Die Braunkohlenförderung beträgt gegenwärtig 7,5 Mio t. Um bis 1975 eine Rohbraunkohlenförderung von 60 Mio t zu erreichen, werden erhebliche Investitionsmittel für die Entwicklung der Braunkohlenreviere Turów, Konin, Adamów und Wladislawów sowie für die neuentstehenden Reviere Rogoźno, Cybinka und Rzcianka bereitgestellt. In diesen Revieren sollen Tagebaue mit 9000 bis 30000 t Tagesleistung errichtet werden. Die Kosten je Tonne geförderte Kohle werden sich in Abhängigkeit vom Verhältnis Abraum zu Kohle (stellenweise 10:1) auf 180—300 Zloty/t belaufen.

E.

BARTHEL, H.

Über Massenversetzungen an Vollformen des Braunkohlentagebaues im Süden von Leipzig

(Ein Beitrag zur Angewandten Geomorphologie)

Petermanns Geographische Mitteilungen 1958, IV. Quartal. H.

Die von Jahr zu Jahr an Ausdehnung zunehmenden anthropogen bedingten Abtragungs- und Aufschüttungsformen der Braunkohlenreviere boten dem Verf. Anlaß, durch Untersuchungen an Überflurkippen und Hochhalden im Zeitz-Weißenfelser und im Borna-Meuselwitzer Revier den Gesetzmäßigkeiten bei Böschungsrutschungen nachzugehen.

Mit einer im wesentlichen auf dem geographischen Vergleich beruhenden statistisch-synoptischen Untersuchungsmethode wurden an 36 Vollformen folgende Feststellungen getroffen:

Formentyp, Oberflächengestaltung, Alter des Aufschüttungskörpers und Zeitpunkt der Rutschung, Nutzungszustand, Lage der Scherfläche über Flur, Anzahl und Höhenlage der aus den Böschungen austretenden Quellen und Naßgallen, Quellschüttungsmessungen, petrographisch-mineralogische Beschaffenheit der verkippten Abraummassen und Verkippungsmethode.

Außerdem wurden zahlreiche auf Kippenflächen abgeteufte Pegelbohrungen ausgewertet.

Der Autor ist offenbar bestrebt, die mehr thesenhaft dargelegten, in „Allgemeine Beobachtungstatsachen" und „Ursache und Dynamik" gegliederten Ausführungen vom Ballast zufälliger Tatsachen zu lösen. Seine Untersuchungen erstrecken sich auf die Abhängigkeit der Rutschungen von der Flächenausdehnung der Vollformen, der stabilen und instabilen Phase, dem Mikrorelief, der Böschungshöhe, dem Böschungswinkel und der Vegetation. Voraussetzung und Entstehung von Fließerden, das Verhältnis von Böschungshöhe zu Transportweiten sind weitere Elemente, aus denen die Ursachen der Rutschungen abgeleitet werden.

Diese Feststellungen konkretisiert der Verf. an der 200 ha großen und 69 m hohen Hochhalde Espenhain, die aus 22%

pleistozänen, 56% mitteloligozänen und 22% eozänen Massen aufgebaut ist. Eindeichungs- und Aufforstungsversuche und der Einfluß der Wasserrückhaltung durch Rundlinge und Erddämme auf Rutschungen werden besprochen.

Hieraus nur einige wenige Angaben: Der Versuch, Rutschungen durch Eindeichung abzufangen, erfordert für die 200 ha große Hochhalde Espenhain 90 ha zusätzliche Eindeichungsfläche. Insgesamt sind von dieser Hochhalde etwa 900000 m^3 Abraum durch Rutschungen umgelagert worden. Die maximale Fließweite der umgelagerten Massen beträgt bis zu 280 m bei 67 m Böschungshöhe.

Anzumerken ist hier: Die Arbeit bestätigt erneut die Notwendigkeit der Rekultivierung von Braunkohlentagebauen auch im Hinblick auf Rutschungen an Überflurkippen und Hochhalden, wobei (besonders bei landwirtschaftlicher Nutzung) Böschungen — hier in erster Linie wegen der exogenen Abtragungen — langgezogen und terrassiert anzulegen sind. Auch wäre bereits beim Aufbau solcher Vollformen von Fall zu Fall zu prüfen, ob nicht von vornherein durch ein geeignetes, den Bodenverhältnissen angepaßtes Drainagesystem (auch durch Steindrainagen oder groben Kies) gefährliche Ansammlungen von hängendem Grundwasser verhindert werden können.

Die inhalts- und aufschlußreiche Arbeit ist angefüllt mit wissenschaftlichen Erkenntnissen und praktisch verwertbaren Feststellungen. Dieser doppelte Vorzug dürfte der wertvollen Arbeit eine weitgespannte Beachtung sichern.

W. WEISBROD

KONSTANTINOWA, A. G.

Über die Dynamik plötzlicher Kohle- und Gasausbrüche in Schächten nach den Ergebnissen seismisch-akustischer Beobachtungen[1])

Iswestija Akademii Nauk SSSR, serija geofisitscheskaja 1959, Nr. 2, S. 229—240

Auf der Grundlage der Untersuchung der Fonogramme und Oszillogramme seismisch-akustischer Vorgänge, die plötzliche Kohle- und Gasausbrüche begleiten, sowie einiger Literaturzitate über die Natur plötzlicher Kohle- und Gasausbrüche in Schächten wird eine Hypothese über die Dynamik der einzelnen Etappen des Zerstörungsprozesses der Kohlenschicht während des Kohle- und Gasausbruches dargestellt.

H. WOLF

[1]) Autorreferat übersetzt

JERZMÁNSKI, J.

Die geologischen Untersuchungen der niederschlesischen Außenstelle des Geologischen Instituts im Jahre 1957

Przeglad Geologiczny Nr. 8/9, 1958

Über 60% der wissenschaftlichen Mitarbeiter der Außenstelle sind an der Anfertigung der geologischen Spezialkarte für die Sudeten im Maßstab 1:50000 beteiligt. 1957 wurden der Abteilung für Geologische Aufnahmen 24 geologische Kartenblätter sowie drei Erläuterungen übergeben. Im Katzbachgebirge wurden 881,5 km^2 neu aufgenommen. Weitere Kartierungsarbeiten erfolgten im Riesengebirge, in der Zone von Niemcza, in der Umgebung von Strelin und in den mittleren Sudeten. Die Untersuchungen für eine hydrogeologische Karte im Maßstab 1:50000 im Gebiet der äußeren Sudetischen Mulde wurden 1957 abgeschlossen. Im Niederschlesischen Kohlenbecken führte die Außenstelle tektonische, lithologische, petrographische und mikropaläontologische Untersuchungen durch. 1957 wurde eine nicht abgedeckte geologische Karte der Mittelsudetischen Mulde im Maßstab 1:50000 zusammengestellt. Die Arbeiten für eine geologische Spezialkarte des Kohlenbeckens wurden aufgenommen.

DRESSEL

ISRAEL, H.

Bestimmungen der Radioaktivität in Boden, Wasser und Luft

Teil I. Archiv für technisches Messen, Febr. 1959, S. 27 bis 30

Der Verfasser gibt zunächst einen Überblick über die physikalischen Grundlagen der Radiometrie. In diesem Rahmen werden Meßprinzipien, Maßzahlen und Strahlungseigenschaften behandelt. Daran schließt sich eine Betrachtung der Ionisationsmessungen an. Bei den emanometrischen Meßverfahren sind folgende Methoden zu unterscheiden:

1. Absolutmessung
2. Relativmessung
3. Anreicherungsverfahren
4. Strömungsverfahren

Teil II. Archiv für technisches Messen, April 1959, S. 69 bis 72

In diesem Teil der Arbeit werden zunächst die emanometrischen Aufgaben in der Geophysik unter Berücksichtigung der verschiedenen Verfahren und Emanometertypen behandelt. Im Gegensatz zu diesen Verfahren stehen die indirekten Meßverfahren, die zur Bestimmung des Rn- und Tn-Gehaltes in der Atmosphäre unter Berücksichtigung der dort vorhandenen Zerfallsprodukte dienen. Es wird ferner ein kurzer Überblick über die Ionisationsmessungen bei β- und γ-Ionisierung sowie die Zählung und Identifizierung der Emissionen gegeben.

H. WOLF

Die Untersuchung und Verwertung der Tone

Sammelband einer Vortragsreihe. 856 Seiten, Lwow 1958 Preis: 55,55 Rbl.

Dieses von der Lwower Universität herausgegebene Buch enthält sämtliche Vorträge, die auf der gleichnamigen Tagung vom 27. Mai bis 7. Juni 1957 gehalten wurden, nebst einer Zusammenfassung in englischer Sprache auf 37 Seiten.

Die Vorträge sind in folgender Gruppierung wiedergegeben:

1. Fragen der Tonmineralogie (10 Vorträge)
2. Untersuchungen von Betoniten, Lößen und der Verwitterungskruste (13 Vorträge)
3. Untersuchungen der ingenieur-geologischen Eigenschaften von Tonen und Tongesteinen (11 Vorträge)
4. Untersuchungen der Tone als nutzbares Mineral und Fragen der Tontechnologie (16 Vorträge)
5. Regionale Tonforschung (22 Vorträge)
6. Methoden der Tonmineralforschung (12 Vorträge).

E.

Nachrichten und Informationen

Rektoratsübergabe an der Bergakademie Freiberg

Am 17. 9. 1959 fand an der Bergakademie Freiberg in Anwesenheit des Staatssekretärs für das Hoch- und Fachschulwesen, Dr. GIRNUS, die feierliche Investitur des neuen Rektors statt. Prof. Dr.-Ing. HÄRTIG übergab nach seinem Rechenschaftsbericht symbolisch mit der Amtskette Würde und Verpflichtung an den vom Senat gewählten neuen Rektor, Prof. Dr.-Ing. OELSNER, der für die nächsten zwei Jahre die Geschicke der Bergakademie Freiberg leiten wird.

Prof. Dr.-Ing. OELSNER, Direktor des Institutes für Mineralogie und Lagerstättenlehre an der Bergakademie Freiberg, steht durch seine umfangreiche Tätigkeit auf lagerstättenkundlichem Gebiet den Arbeiten der Staatlichen Geologischen Kommission besonders nahe. In seiner Ansprache über „Die Bedeutung der Geowissenschaften für die Bergakademie" führte er aus, daß es zur Überwindung aufgetretener Diskrepanzen notwendig erscheint, in Zukunft eine besondere Fachrichtung Montangeologie an der Bergakademie einzurichten. In dieser Fachrichtung sollte der Geologe stärker mit den technischen Problemen des Bergbaues vertraut gemacht werden, als dies bisher bei den „reinen" Geologen der Fall war. Damit läßt sich erreichen, daß der für die Bergbau- bzw. Bohrpraxis vorgesehene Geologe bereits von der Hochschule her mehr auf die für die Praxis notwendigen Belange orientiert wird. Td.

Lenin-Preise für Geologen

Das Akademiemitglied A. N. NESMEJANOW teilt in einem Aufsatz der „Prawda" vom 22. 4. 1959 über die Geologen, die den Lenin-Preis 1959 auf dem Gebiet der Wissenschaft und Technik erhielten, mit:

„Mit Leninpreisen gewürdigt wurden überragende Leistungen von Geologen, die unsere Kenntnisse von den riesigen

Bodenschätzen unseres Landes bereicherten, von Ingenieuren, die vollkommene und leistungsfähige Maschinen entwickelten, von Züchtern, die neue Sorten hochertragreicher Pflanzen züchteten, und von Bautechnikern, die Industrie- und Sportanlagen schufen." ...

„Für wissenschaftliche Arbeiten, die die Rolle der Granitoide in der postmagmatischen Erzbildung beleuchten, wurde CH. M. ABDULLAJEW, Präsident der Akademie der Wissenschaften der Usbekischen SSR und Korrespondierendes Mitglied der Akademie der Wissenschaften der UdSSR, der Leninpreis zuerkannt. Mit diesen Arbeiten wurde eine völlig neuartige Richtung der petrographischen Forschungen begründet, die für die Erkundung von Bodenschätzen von großer Bedeutung ist. CH. M. ABDULLAJEW stellte eine Reihe von Gesetzmäßigkeiten der Bildung und Verteilung der Erzvorkommen in Mittelasien fest. Auf Grund der Ergebnisse dieser Forschungen hat man in Mittelasien mehrere große Vorkommen von Unionsbedeutung finden können." ...

„Den Leninpreis erhielten weiter: A. A. DUBJANSKI, M. I. KALGANOW, S. I. TSCHAJKIN, M. N. DOBROCHOTOW, I. A. RUSSINOWITSCH, N. G. SCHMIDT und M. I. JAKOWLJEW für die Entdeckung und Erkundung der reichen Eisenerzvorkommen im Bezirk Belgorod der Kursker Magnetanomalie. In kurzer Zeit, von 1954 bis 1958, wurde die Ausdehnung des an Umfang und an Qualität der Erze einzigartigen Belgoroder Vorkommens festgestellt. Sieben große Erzlager mit einem Gesamtumfang von schätzungsweise über 20 Mrd. t wurden hier entdeckt und z. T. schon erkundet. An Reichtum und Qualität der Erze übertrifft der Belgoroder Rayon nicht nur das Vorkommen von Kriwoi Rog, sondern noch viele andere bedeutende Erzvorkommen der Welt.

Eines der größten Gasvorkommen der Sowjetunion ist das Schtschebelinsker Vorkommen, für dessen Entdeckung und Erkundung N. F. BALUCHOWSKI, B. S. WOROBJOW, N. A. GOREW, W. B. LITWINOW, L. S. PALEZ und S. J. TSCHERPAK der Leninpreis zuerkannt wurde. Den großen Wert dieses Vorkommens bestimmt sein gewaltiger Umfang — 130 Milliarden Kubikmeter — sowie ferner die hohe Ergiebigkeit der Bohrlöcher und die günstige Lage in der Nähe großer Industriezentren.

Das Schtschebelinsker Vorkommen versorgt Charkow, Dnepropetrowsk und Saporoshje mit Gas. Der Bau von neuen Gasleitungen wird fortgesetzt, damit schon 1959 auch Moskau, Brjansk und Kriwoi Rog aus diesem Vorkommen versorgt werden können." ... E.

Tagung der Unterkommission „Tektonische Karte von Europa"

Vom 22.—27. Juni 1959 fand die 4. Sitzung der Unterkommission „Tektonische Karte von Europa" der Kommission „Tektonische Weltkarte" in Moskau statt.

Teilnehmer waren: Deutsche Bundesrepublik, Deutsche Demokratische Republik, Finnland, Holland, Italien, Israel, Jugoslawien, Marokko, Norwegen, Polen, Schweden, Spanien und die UdSSR. Den Vorsitz hatte DUBERTRET (Frankreich). Die Tagesordnung war:

1. Übersicht über die tektonischen Verhältnisse der einzelnen Länder,
2. Diskussion der durch die Angleichung der Kartenausschnitte notwendig werdenden Abänderungen der Legende.

Es wurde eine von BOGDANOFF (Moskau) abgefaßte Resolution angenommen, die für die letzte Redaktion der Karte bindend ist. Die Akademie der Wissenschaften der UdSSR wird unter Vorsitz von SCHATSKIJ die Hauptredaktion und den Druck übernehmen. Der Andruck der Karte ist bis Ende des Jahres fertiggestellt. Der endgültige Entwurf der Tektonischen Karte von Europa wird im Herbst 1960 dem XXI. Internationalen Geologenkongreß in Kopenhagen vorgelegt werden. E.

Erdöl

Neue Erfolge in der Sahara

El Gassi 1

Die Bohrung El Gassi 1 traf bei 3200 m Tiefe auf eine 90 m mächtige ölimprägnierte Schicht. Die quarzitischen Sandsteine des Speichers gleichen den ölführenden Horizonten von Hassi-Messaoud, das 70 km nördlich der Bohrung El Gassi 1 liegt. Ein Mitte Februar durchgeführter Test ergab, daß mit einer Produktion von 300 tato gerechnet werden kann. Das Leichtrohöl gleicht in seiner Qualität dem von Hassi-Messaoud. Wahrscheinlich dehnt sich das neuentdeckte Vorkommen von El Gassi nach der Erg El Agreb aus, so daß hier möglicherweise ein neues großes Erdölfeld erschlossen werden kann.

Zarzaïtine 22 und Reculée F 3

Durch diese beiden fündigen Bohrungen wurde der Nordteil der Achse der Struktur Tiguentourine—La Reculée, der bisher kaum erforscht war, als gut erdölhöffig erkannt. Es ist anzunehmen, daß im Devon des Nordteiles der Antiklinalstruktur ein größeres Erdölvorkommen lagert.

Die Bohrung F 3 gab bei einem Test 10—12 m^3/h wasserfreien Rohöles und 50—66 m^3/h Begleitgas aus. Die Bohrung F 4 brachte beim ersten Test 8300 m^3/h Gas. E.

Erdölsuche in Rio de Oro

Die aeromagnetischen Messungen sollen in der spanischen Sahara (Gebiet Rio de Oro) beendet sein. Es ist beabsichtigt, fahrbare Bohrtürme zwischen El Aaiun und Villa Cisneros einzusetzen. Die spanische Regierung drängt mit allen Mitteln zur Beschleunigung der Erdölerkundung. Besonderen Impuls bekommen diese Bestrebungen dadurch, daß kürzlich in der spanischen Provinz Alava bei der Erdölsuche ein Erdgasvorkommen entdeckt wurde, über dessen Umfang man noch nicht im klaren ist. Man nimmt jedoch an, daß dieses westlich der Pyrenäen gelegene Vorkommen in bezug auf seine Vorräte dem östlich des Gebirges bei Lacq aufgeschlossenen Erdgasvorkommen entsprechen wird. E.

Neues großes Erdölvorkommen bei Paris

100 km südöstlich von Paris, in St.Martin-de-Bossenay bei Nogent-sur-Seine, wurde ein neues Erdölvorkommen aufgeschlossen. Man nimmt an, daß es etwa die Ergiebigkeit des im Südosten Frankreichs, unweit Bordeaux gelegenen Feldes Parentis haben wird, das seit 1955 in Förderung steht und zur Zeit ca. 1,2 Mio t Rohöl im Jahr produziert. E.

Sibirische Benzin-Fernleitung

Die erste sowjetische Fernleitung für Benzin hat eine Länge von 750 km und verläuft von der Raffinerie Omsk nach Nowosibirsk. Die Raffinerie Omsk liegt an der 3700 km langen 28" Rohölfernleitung, die aus den Ölfeldern westlich des Urals bis Irkutsk am Baikalsee führen wird. Diese Transsibirische Rohölfernleitung wird bis Chabarowsk nördlich von Wladiwostok weitergeführt und dann eine Gesamtlänge von 6400 km aufweisen. E.

Erdgas

Vordringen des Erdgases nach Westeuropa

Ein Aufsatz im „Volkswirt", Frankfurt a. Main, Nr. 11 vom 9. 5. 59, S. 870—872, stellte unter dem Titel „Erdgas ante portas?" fest, daß das Erdgas im Begriff ist, Teile des westeuropäischen Energiebedarfs an sich zu reißen. Die jährliche Durchsatzkapazität der Sahara-Ferngasleitungen wird mit etwa 10 Mrd. m^3 angenommen, was einer Steinkohlenmenge von etwa 14 Mio t entspricht.

„Nach Ansicht des Beratenden Ausschusses der Hohen Behörde der Montanunion wird sogar ein Transport von jährlich insgesamt 50 Mrd m^3 Sahara-Erdgas für technisch möglich gehalten. Diese Menge würde einem Steinkohlenimport von etwa 70 Mio t (!) entsprechen."

Die Amerikaner haben berechnet, daß die Kosten für verflüssigtes südamerikanisches und in Europa wieder in gasförmigen Zustand zurückgewandeltes Erdgas in der Größenordnung von etwa 8—20 Pf. je Kubikmeter liegen würden. Die europäischen Kokereigaspreise nahmen sie bei ihren Berechnungen mit 6,8 Pf. je Kubikmeter an.

„Nun gilt es allerdings zu bedenken, daß ein Kubikmeter Erdgas wegen seines Wärmewertes von 9000 kcal nicht ohne weiteres mit einem Kubikmeter Kokereigas gleichzusetzen ist. Dieses besitzt nämlich nur einen Wärmeinhalt von 4300 kcal. Für einen Preisvergleich ist folglich die Umrechnung des Steinkohlengases in eine gleich große Wärmemenge Erdgas notwendig. Dann aber zeigt sich, daß der Preis des Steinkohlengases auf 14,3 Pf. je Kubikmeter steigt. Unter der Voraussetzung, daß die von den amerikanischen Energieexperten ihren Berechnungen zugrunde gelegten Annahmen zutreffen, ergibt sich somit innerhalb bestimmter Grenzen eine sehr beachtliche Konkurrenzfähigkeit des Erdgases."

Französische Kalkulationen, in denen ein sehr niedriger Erdgaspreis ab Bohrloch eingesetzt ist, weisen folgende Preise für Sahara-Erdgas, umgerechnet in Pfennig, pro Kubikmeter aus:

Spanien (Barcelona)	3,3
Frankreich (Lyon)	4,0
Schweiz	4,4
Bundesrepublik (Ruhrgebiet)	5,2
Großbritannien (London)	5,5

„Zusammenfassend läßt sich feststellen, daß das Erdgas in der zukünftigen Energieversorgung Westeuropas auf Grund der technischen, quantitativen und wirtschaftlichen Gegebenheiten eine bedeutende Rolle spielen wird." E.

Neue westdeutsche Erdgasfunde

Die Bohrung Esche Z 1, 3,5 km nördlich von Neuenhaus und rd. 7 km südlich des Gasfeldes Kalle, ist im Hauptdolomit des Zechsteins in 2867—2924 m Tiefe auf einer Antiklinale gasfündig geworden. Der Druck am Bohrlochkopf erreichte etwa 275 atü.

Die Aufschlußbohrung Buchhorst Z 1 ist rd. 3 km östlich des Ölfeldes Wehrbleck im Gebiet zwischen dem bei Diepholz gelegenen Gasfeld Rehden und dem Ort Sulingen (Weser/Ems) ist zwischen 3033 und 3065 m Tiefe gleichfalls im Hauptdolomit des Zechsteins gasfündig geworden. Der Schließdruck am Bohrlochkopf lag bei 335 atü. Beide Zechsteinbohrungen ergaben wirtschaftlich nutzbare Gaszuflüsse. E.

Transkaukasische Gasfernleitung

Die großen, im Süden Aserbaidshans in Aufschluß befindlichen Erdgasvorkommen ermöglichen es, große Teile Transkaukasiens auf Gasversorgung umzustellen. Die Hauptgasfernleitungen Karadag—Kirowbad—Akstafa—Tbilissi und Akstafa—Jerewan befinden sich im Bau. 40 Städte in Aserbaidshan, Georgien und Armenien werden an die Gasversorgung angeschlossen, und 3 Wärmekraftwerke werden Erdgas als Energiebasis auswerten. Die Bauvorhaben des Siebenjahrplanes in Transkaukasien erhielten den Namen „Gasfernleitung der Völkerfreundschaft". E.

NE-Erze

Spanischer Pyrit

In spanischen Bergbaukreisen ist man besorgt über die Zukunft der großen Pyritausfuhren. Man begründet dies mit der derzeitigen Absatzkrise in Europa, der Zunahme des amerikanischen Schwefelangebotes und der bevorstehenden Erweiterung der französischen Schwefelerzeugung in Lacq. Um die Krise einzuengen, beabsichtigt man in Spanien, selbst die Produktion von Schwefel aus Pyriten aufzunehmen. Man hofft, bei gleichzeitiger Verwertung der Kiesabbrände den Schwefelpreis dem Weltmarktpreis anpassen zu können. E.

Vom Kupferschieferbergbau der DDR

Das Schwergewicht der Rekonstruktion im Kupferbergbau liegt auf einer vorfristigen Überleitung des Produktionsschwerpunktes von der Mansfelder zur Sangerhäuser Mulde. Mit einer Förderleistung von 7000 t Kupfer im Jahre 1961 wird der VEB Kupferbergbau Niederröblingen bereits die Förderleistung des z. Z. noch größten Kupferbergbaubetriebes „Fortschritt" überschreiten.

Bei der Fertigstellung des Querschlages von Niederröblingen zur Schachtanlage Nienstedt haben die Brigaden im Mai d. J. eine Monatsdurchschnittsleistung von 9,13 m^3 pro Mann/Schicht aufzuweisen, was eine Rekordleistung im Weltmaßstab ist.

Die Produktion an Cu-Inhalt im Erz beträgt voraussichtlich 1959 26200 t. Die Direktive der Staatlichen Plankommission sah für 1960 eine Förderung von 25700 t und für 1965 von 27000 t Cu-Inhalt im Erz vor. Auf Grund der vielen Vorschläge der Arbeiter lautete der Gegenvorschlag der Betriebe für 1960 26300 und für 1965 33300 t Cu-Inhalt im Erz.

Im Kupferbergbau sollen von der normal gelagerten Flözfläche bis 1965 85% mechanisiert abgebaut werden. Zur Zeit werden etwa 20% mechanisiert gefördert. E.

Zinnerz-Produktion im Erzgebirge

Der VEB Zinnerzgruben Altenberg wird bis 1964 einen Zentralschacht abgeteuft haben, bei dem die Untertageförderung automatisiert wird. Die Aufbereitung des Roherzes wird so verbessert werden, daß das Zinnausbringen von 42 auf 65% erhöht wird. Dadurch wird die Zinnproduktion von 1959 bis 1965 von rd. 445 t auf 1000 t Zn im Konzentrat gesteigert werden können. E.

Lithium-Gewinnung

Für die Gewinnung von Lithium werden gegenwärtig im VEB Zinnerz Altenberg, der die größte Zinnerzlagerstätte Europas bebaut, die ersten Vorbereitungen getroffen. Das silberweiße Lithium, das leichteste aller Metalle, wird für einige Aufgaben des Chemieprogramms benötigt. In einer stillgelegten Grube im Raum Zinnwald, die früher auf Zinn und Wolfram ausgebeutet wurde, werden jetzt geologische Bohrungen vorgenommen, um die genaue Lage der Lithiumglimmer führenden Gänge festzustellen.

Parallel dazu befaßt sich ein Ingenieurkollektiv des VEB Zinnerz in Zusammenarbeit mit dem Zentralen Projektierungsbüro Erzbergbau in Leipzig mit der Technologie der Lithiumaufbereitung. Zunächst sollen die Halden, die bei der früheren Zinn-Wolfram-Produktion anfielen, auf Lithium aufgearbeitet werden. Damit soll erreicht werden, daß schon ab 1962 Lithium zur Verfügung steht. Ab 1965 soll die Großproduktion im Grubenbetrieb aufgenommen werden. E.

Magnesiumgewinnung

Die Welterzeugung von Magnesium erreichte seit 1951 im Jahre 1958 ihren tiefsten Stand (nach Mitteilung des USA-Bergbaubüros). Die Magnesiumgewinnung in den einzelnen Ländern betrug in sh t:

Land	1958	1957
Kanada	5810	8385
Frankreich	1913	1750
Westdeutschland	209	260
Italien	4200*)	4162
Japan	450*)	472**)
Norwegen	10226	9504
VR Polen	165*)	150
UdSSR	45000*)	45000*)
Großbritannien	2600	3831
USA	30096	81263

*) geschätzt, **) zuzügl. 1906 sh t Umschmelz-Magnesium.

E.

Mongolischer Glimmer

In der Inneren Mongolei bei Tukueiula liegt eine der größten Glimmergruben Chinas. Die Förderung wird durch Modernisierung und Vergrößerung der Grubenanlagen gegenüber 1958 vervierfacht werden. Ebenso wird die Produktion in den Glimmergruben in Tsining und Liangscheng, die auch in dem innermongolischen autonomen Gebiet liegen und die ebenso wie die Grube Tukueiula reiche Vorräte von Glimmer hoher Qualität bergen, gesteigert werden. E.

Der polnische Schwefelbergbau

Die VR Polen besitzt die zweitgrößten Schwefelerzvorkommen der Welt. Obwohl im vergangenen Jahr aus den Gruben Piaseczno nur 40000 t Schwefelerz gefördert wurden, sollen in diesem Jahr ca. 100000 t und bis 1965 jährlich 2 Mio t gefördert werden. Im Jahr 1958 lieferten die Versuchswerke Ogorzelec die ersten Schwefelkonzentrate mit einem Schwefelgehalt von 85%. In Machow wird ein umfangreicher Chemiekomplex gebaut, der jährlich 100000 t reinen Schwefel bis 1961 und 400000 t bis 1965 liefern soll. In zwei Jahren soll in Machow eine Schwefelsäurefabrik in Betrieb genommen werden, deren Anfangskapazität 100000 t jährlich betragen wird. Die Schwefelsäureproduktion wird hier u. U. 500000 t pro Jahr erreichen. Außerdem ist beabsichtigt, eine Superphosphatfabrik in Machow zu bauen, die bis 1962 200000 t und später bis zu 600000 t jährlich produzieren soll. E.

Steine, Salze, Erden

Zementproduktion

Die Produktion von Zement des Jahres 1958 zeigte in den folgenden Ländern gegenüber 1957 nachstehende Veränderungen:

Frankreich: 13,4 Mio t gegenüber 12,5 Mio t 1957.
Belgien: Etwa 4 Mio t, das sind etwa 700000 t weniger als 1957.

Kanada: Die Produktion war im Jahre 1958 die gleiche wie 1957, etwa 6 Mio t.
Mexiko: Die Produktion wird für das Jahr 1958 auf ca. 3 Mio t geschätzt gegenüber 2,5 Mio t 1957.
VR China: Die Produktion 1958 überstieg 10 Mio t. Dies bedeutet gegenüber 1957 eine Steigerung um 50%. E.

Sonstiges

Rulit — ein neues rumänisches Erzeugnis

Dem Werk in Tirgu Mures ist die Herstellung eines neuen, wichtigen Erzeugnisses geglückt, melden rumänische Fachzeitschriften. Es handelt sich um Rulit, das die Bronzebüchsen an Bau- und Landmaschinen ersetzen kann. Rulit besteht aus einem Gemisch von künstlich getrocknetem Sägemehl und einem synthetischen Bindemittel, die bei einem Druck von 120 atü bei 180° C behandelt werden. Die dadurch gewonnenen Werkstücke verschiedener Größen und Formen können wie jedes andere Metall behandelt werden, sind aber 3mal so widerstandsfähig wie solche aus Bronze. Die Widerstandsfähigkeit des Rulits beträgt 1500 kg je qcm. Das Material wiegt nur den 6. Teil von Bronze und ist sehr elastisch. E.

Neues Verfahren zur Magnesitsinterung

Ungarische Fachleute haben ein neuartiges Verfahren entwickelt, mit dessen Hilfe außerordentlich reiche Magnesitvorkommen ausgewertet werden können. Es handelt sich um Magnesit, für den man bisher kein Sinterverfahren kannte. Griechischer Reinmagnesit konnte für die Verhüttung brauchbar gemacht werden. Für das ungarische Verfahren interessieren sich auch andere Länder mit Magnesitvorkommen. Schweden und Jugoslawien bewerben sich um die Anwendung des neuen ungarischen Verfahrens. Die dabei verwendete Methode sieht eine Beimengung von Wasser zum feinstgemahlenen Magnesit vor, der dann in Drehöfen bei 1700° C ausgebräunt wird. E.

Gründung der Fachsektion Kali der Geologischen Gesellschaft in der Deutschen Demokratischen Republik

Am 14. April 1959 erfolgte in einer konstituierenden Sitzung die Gründung der Fachsektion Kali und Steinsalz der Geologischen Gesellschaft in der Deutschen Demokratischen Republik. Der Leitung der Fachsektion gehören an:

Prof. Dr. OELSNER, Bergakademie Freiberg,
Dr. LÖFFLER, Zentraler Geologischer Dienst, Berlin,
Dr. STOLLE, VVB Kali,
Dr. SCHULZE, Geologischer Dienst Halle,
Dipl.-Mineraloge LANGBEIN, Geologischer Dienst Jena.

Die Hauptaufgabe der Fachsektion besteht in der Durchführung eines koordinierten Forschungsprogramms auf dem Sektor Kali und Steinsalz. Spezielles Ziel der Arbeiten ist die Klärung des Faziesproblems in den Kalisalzlagern der DDR. Hierbei soll untersucht werden, ob es möglich ist, durch Prognosen zukünftige Ausrichtungsarbeiten des Kalibergbaues maßgebend zu beeinflussen. Der Entwurf eines entsprechenden Arbeitsprogramms wurde in der ersten Sitzung vorgelegt und von der Leitung nach eingehender Diskussion, die einige Änderungen zur Folge hatte, gebilligt.

Die Gründung der Fachsektion Kali und Steinsalz wird wesentlich dazu beitragen, der Arbeit der Geologischen Gesellschaft in der DDR einen neuen praxisbetonten Inhalt zu geben. Alle Fachkollegen, die im Rahmen der Sektion an der Salzlagerstättenforschung in der DDR mitzuarbeiten wünschen, werden gebeten, eine diesbezügliche Mitteilung an die Leitung der Fachsektion (Zentraler Geologischer Dienst, Berlin N 4, Invalidenstr. 44, z. Hd. von Dr. LÖFFLER) zu richten.

Neues Gerät zur Feststellung von Gasen in Grubenwettern

Vom zentralen Forschungslaboratorium „Gosgortechnadzor" wurde in den Jahren 1956 und 1957 ein neuer Gasdetektor entwickelt, der sich durch besonders große Empfindlichkeit auszeichnet, so daß auch geringste Methangehalte der Wetter festgestellt werden können.

Die Wirkungsweise der Apparatur beruht darauf, daß die Veränderungen der Ausdehnungsgeschwindigkeit von Ultraschallwellen je nach Anwesenheit geringerer oder größerer Grubengasmengen oder anderer Gase in den vom Gerät zu prüfenden Wettern gemessen werden. Der Methangehalt der Wetter kann hierbei auf der Skala des Indikators in Prozenten unmittelbar abgelesen werden. I.

(„Bergbautechnik" 1959, S. 269.)

Kurznachrichten

Die **Erdölfelder Nordsumatras** waren seit dem Ausscheiden der holländischen Gesellschaften außer Betrieb. Neuerdings sind die Japaner damit beschäftigt, die Produktion wieder in Gang zu bringen. Man rechnet mit einer baldigen Produktionshöhe von 4 Mio t Rohöl im Jahr.

In **Moskau** wurde bekanntgegeben, daß in der Nähe von **Kaliningrad** (früher Königsberg) bei Erkundungsbohrungen, die bis zu 2400 m Tiefe reichten, **Ölspuren** festgestellt wurden.

Bei **Mazarani** in der Nähe von Larakana, **Westpakistan**, wurden in der Tiefe von über 3000 m neue Erdgasvorkommen entdeckt.

Die **erste in der Westsahara fündige Erdölbohrung** ist die Sonde in Azzen, 100 km östlich von Adrar. Der am 15. 5. 59 durchgeführte Test ergab eine Förderung von 50 m^3 Rohöl am Tag.

Eine 125 km lange **Erdgasfernleitung** wird im **polnischen Karpatenvorland** im Quellgebiet der Weichsel und Warthe gelegt.

Rumänische Techniker haben eine Anlage zur Erzeugung von **Tetrachlor-Kohlenstoff** aus Erdgas entwickelt, die zur Zeit in den chemischen Werken **Turdas** erprobt wird.

Polen ist der drittgrößte Zinkexporteur der Welt geworden; in der Gewinnung von Zink stand es mit 162000 t im Jahre 1958 noch an fünfter Stelle.

Im Gebiet Rotnagiri (Provinz Bombay, Indien) sind in einem 260 km^2 umfassenden Gebiet reiche Eisenerzvorräte entdeckt worden.

Die **Welt-Kupfergewinnung** belief sich nach einer Verlautbarung des chilenischen Wirtschaftsministers 1958 auf 3.325 Mio t gegenüber 3.48 Mio t 1957. An erster Stelle der Kupfer erzeugenden Länder stand die USA; Chile folgte an zweiter Stelle.

Im **jugoslawischen Gebiet Kosovo-Metohija** ist im September 1959 an der albanischen Grenze eine neue **Blei-Zinkgrube** in Betrieb genommen worden. Die Jahreskapazität soll 150000 t hochwertiges Erz betragen. Die Vorräte liegen bei ca. 10 Mio t.

Die **norwegische Kupferproduktion** erreichte im Jahre 1958 mit 17473 t ihren höchsten Stand. Sie hat sich in 10 Jahren seit 1948 fast verdoppelt. Produktion, Einfuhr und Ausfuhr von Rohkupfer zeigen in den Jahren 1957 und 1958 folgende Entwicklung (in t): Produktion 1957: 15644; 1958: 17473; Einfuhr 1957: 4398; 1958: 5342; Ausfuhr 1957: 14440; 1958: 16902.

Die **Chemieproduktion der VR China** konnte im Vorjahr um 230% gesteigert werden. 40 chemische Fabriken, die noch 1959 u. a. 200000 t Schwefelsäure und über 100000 t Soda liefern sollen, werden in Kürze in Betrieb genommen.

Die **Kobaltproduktion der kapitalistischen Länder** ging 1958 auf ca. 14000 sht zurück; sie war 10% niedriger als 1957.

Nickelerz-Erkundungen hat der norwegische Industrieminister angekündigt. Zu diesem Zwecke soll im Rana-Bezirk (Nordnorwegen) eine eingehende geologische Untersuchung nach Nickelvorkommen durchgeführt werden. Die Nickelförderung gehörte einst zu den bedeutendsten Betriebszweigen des norwegischen Bergbaus. Die letzten beiden Nickelgruben wurden 1946 geschlossen.

Im **Zementwerk Kardorf II** ist der erste Drehofen in Betrieb genommen worden. Nach seiner Fertigstellung wird das Werk 660000 jato hochwertigen **Portlandzement** erzeugen.